科普讲解

SCIENTIFIC KNOWLEDGE COMMUNICATION

邱成利 著

重庆大学出版社

目录

第一章

绪论

讲解作为一种简单、便捷、通俗易懂的知识传播方式，一经出现就受到了人们的广泛欢迎，成为博物馆、美术馆、科技馆、专业展览、旅游景区等场所的标配。讲解为参观者带来了诸多益处，使得参观者可以轻松愉快地了解展品的基本信息、作用和价值，获得视觉上的满足和知觉上的喜悦。信息技术的快速发展，参观者获取知识和信息的方式正在急剧变化之中，各类新型讲解方式不断推出，但是，讲解员的讲解依然是最受参观者喜欢的，也是独具魅力的。一流的博物馆、科技馆，不仅有一流的藏品、展品，一流的科学文化教育活动，也有一批活跃于其中的一流的讲解员。

在人类历史发展长河中，有关科学的起源、发展以及成就方面的故事，人们至今知之甚少。古希腊人认为，科学和哲学的内容完全相同。文艺复兴之后，由于采用了实验的方法研究自然，哲学与科学才分道扬镳。自然科学刚建立时，是以牛顿的动力学作为理论基础。进化论的问世以及现代数学、物理学的诞生，使得科学知识不断丰富。科学的研究方法主要是分析法，要尽可能地运用数学方式并按照物理学的概念来解释现象。物理学的基本概念是一些抽象的概念，这些概念可以使出现在事物表面的混乱现象变得秩序井然。

科学技术的发展是与其创新和普及密不可分的。讲解是科学传播普及的重要方式之一。科普讲解是以科学技术知识方法为主要内容的讲解。讲解包括讲述和解释两个方面，解释是讲解的特点与特征，是讲解区别于讲课、演讲等的主要标志。近年来，随着党和国家实施创新驱动发展战略，高度重视科技创新与科学普及，并开始把科学普及放到了与科技创新同等重要的位置，一系列鼓励科学普及的政策与措施相继出台，科学普及事业进入了良性发展轨道。讲解作为一种知识传播形式开始流行起来，许多专业讲解员走出科技类博物馆、科技馆等展馆，到各个企业、学校、商场、机构、村庄、社区等公共场所进行科普讲解，传播科学文化知识，为人们带来了知识和美好生活的体验，为忙碌的人们带来了轻松、快乐和满足，受到人们的普遍欢迎和社会各界的广泛赞誉。与此同时，一批科技人员、教师、科普志愿者、业余爱好者，特别是年轻人以讲解的方式加入科普事业的行列，将之作为传播科学知识、丰富个人生活、回报社会的一种便捷途径。他们科普讲解的范围广泛、内容新颖、形式多样、通俗易懂，大大拓展了科技类博物馆、科技馆等的讲解内容，为人们开阔了眼界，增长了见识，打开了浩瀚知识海洋宝库，成为科普事业的新生力量。许多大学生、中学生、小学生加入了科普讲解的行列中，为科普队伍带来了朝气和活力，注入了新生力量。他们认真准备讲解稿件，专注讲述、细致解释，向公众播撒科学的种子。为公众认识科技、学习科技、理解科技、参与科技提供了新平台，叩开了科学之门。面向公众弘扬科学精神、普及科学知识、传播科学思想、倡导科学方法，做科学传播使者是一件特别有意义的行为，他们是培育全社会爱科学、讲科学、学科学、用科学氛围的践行者，是国家、民族的希望所在，也是一个国家成为科技强国、走向强盛的开始。开展科普讲解活动的真正含义也在于此。

讲解作为一种简单、便捷、通俗易懂的知识传播方式，一经出现就受到了人们的广泛欢迎，成为博物馆、美术馆、科技馆、专业展览、旅游景区等场所的标配。讲解为参观者带来了诸多益处，使得参观者可以轻松愉快地了解展品的基本信息、作用和价值，获得视觉上的满足和知觉上的喜悦。讲解以其直观形象的讲述、亲切专业的解释、科学故事的精彩分享，为各类参观者提供了专业辅导和帮助，赢得了参观者的赞赏，得到社会各界的广泛欢迎和喜爱。因此，讲解这一方式逐步拓展到其他许多需要讲解的场合，从事讲解的人员也开始多样化。科普讲解由于富含科学技术知识的特点使得讲解者、观众均从中受益，获得感、喜悦感、幸福感油然而生，使人们平淡的生活多了一份乐趣，繁忙的工作之余多了一丝欣慰，获取知识多了一个新途径。

无论是在居住地，还是学习、工作场所，或是公共场所、服务机构，需要讲解的场合越来越多，如何讲解好要讲解的内容，成为很多人十分关心的问题。驾车出行、乘坐公交地铁出租车、骑行共享单车、搭乘渡轮和飞机、自助购票、挂号排队、微信或支付宝扫码支付，特别是在旅游景点、博物馆、科技馆、银行、医院、商场、超市、酒店入住、餐馆点餐、网络购物及各种需要自助办理业务的场所，人们常常会遇到问题或不知所措的窘境，需要工作人员讲解示范、指导操作。当你面对家人、同事、领导、专家、考官及服务对象的各种提问及求助时，如何快速地讲述清楚，解释明白，是每个人应该具备的重要生活与工作能力之一。

无论是专业讲解人员还是业余讲解人员，无论是科技人员还是科普人员，无论是老师还是学生，无论是成年人还是年轻人，无论是老年人还是孩童，无论是公务员还是白领、企业家，无论是军人武警还是公安民警，无论是城市居民还是农牧民，无论是领导还是普通员工，在生活和工作中都需要讲解。他们一开始讲解，往往就喜欢上了讲解。因为讲解激发了他们的学习兴趣，为他们叩开了科学之门，开阔了他们的视野，提高了他们的表达水平和社会交往能力，为他们的生活和工作带来了实惠和便利，成就了他们生活、事业、社交的许多方面，带来了意想不到的收益与喜悦，这大概也是讲解的魅力之所在吧。

科技创新日新月异，人工智能、量子信息、集成电路、生命健康、脑科学、生物育种、空天科技、深地深海、生物技术、互联网、大数据、云计算等的广泛应用使得新技术、新产品、新的服务方式不断创新，每个人都面临着终身学习的需求与压力，需要不断了解新知识、新技能、新的服务方式。人工智能的广泛应用，无人服务、自助服务、机器人等设施、设备的大量涌现，使得人们获取知识和信息的方式发生变化；智能手机的广泛应用，无纸办公、电子阅读等的出现，使得提升人们的科技传播能力与效率显得格外重要；各类科技新产品商业展览、新设备展览会、博览会、交易会日益增多，催生了对讲解人员的需求，科普讲解成为科技成果展示、技术装备、高新技术产品与服务必不可少的内容。目前的趋势是，企业家、机构负责人、地方主要领导已经成为重要场合面对重要领导、来宾的第一讲解者。科普工作最直接的表现形式就是讲解，用科普讲解这个切口，有助于打开大科普的局面，吸引更多公众参与到科普行列中来。

互联网和人工智能正在改变世界，微博、微信、微视频、直播、视频号等新的传播方式改变着人们的交往形式、视频会议也在改变着生活和工作方式。人们之间面对面的交往时，善于讲解会为你结识新朋友，赢得他人的关注带来优势，这一点对于年轻人非常关键。

经济合作与发展组织把知识的生产、传播和利用看成是同等重要的。这说明知识传播十分重要，知识的传播也是创新不可或缺的内容，知识的传播为知识创新提供了肥沃的土壤，营造了良好的创新文化氛围，为创新打下了坚实的社会基础。轻视知识传播，一味关注创新其实是一种短视的行为，或者说是对创新理解的不完整和不到位。

纵观发达国家、科技强国，不难发现其既重视科技创新，也重视科学普及，创新与普及协调发展。创新与普及如同是硬币的两面，缺一不可，不可偏废。目前我国举国上下重视科技创新达到前所未有的高度，深入实施创新驱动发展战略，从法律、规划、政策、投入、管理与服务全方位给予了科技创新高强度支持，形成了高度重视科技创新的良好局面。但是，对于科学普及，或者说科学传播，则更多体现在形式上、纸面上、语言上的重视，恐怕这也是导致我国科普能力不强，科普基础设施较为薄弱，科普创作水平较低，科普活动不够活跃，公民具备科学素质的比例不高，与发达国家尚存在较大的差距。发达国家、世界科技强国的科技创新与科学普及是并行不悖、协调发展的，公众具备科学素质的比例高。仅仅重视科技创新，轻视科学传播与普及，是对创新驱动发展战略缺乏全面、准确理解的体现，是一种缺乏远见的行为，最后会导致科技创新很难真正取得突破性成果，也难以实现高质量发展。

令人欣喜的是，这种状况正在改变。《中华人民共和国宪法》明确规定支持科技创新与科学普及。1994年，中共中央、国务院印发了《关于加强科学技术普及工作的若干意见》，2002年6月29日，《中华人民共和国科学技术普及法》颁布实施，科普成为科技发展的重要内容，成为全社会的共同任务，我国科普事业走上了法制发展轨道，科普事业迎来了新的春天，一系列支持科普事业的规划、政策陆续出台，科普基础设施建设提速，资助科普活动的计划和项目不断增加，政府科普管理水平、科普服务能力显著提升，科普助力科技创新的作用日益明显，群众性科技活动广泛开展，公民科学素质逐步提升，有利于科技创新的氛围不断优化。2022年，中共中央办公厅、国务院办公厅印发了《关于新时代进一步加强科学技术普及工作的意见》，明确科学技术普及（以下简称科普）是国家和社会普及科学技术知识、弘扬科学精神、传播科学思想、倡导科学方法的活动，是实现创新发展的重要基础性工作。同时指出还存在对科普工作重要性认识不到位、落实科学普及与科技创新同等重要的制度安排尚不完善、高质量科普产品和服务供给不足、网络伪科普流传等问题。面对新时代新要求，提出进一步加强科普工作的意见。一系列政策保障和支持措施正在为建设世界科技强国筑就坚实的社会基础。党的二十大报告将科普作为提高全社会文明程度的重要举措，强调"加强国家科普能力建设"。2023 年 2 月 21 日，中共中央政治局就加强基础研究进行第三次集体学习。中共中央总书记习近平在主持学习时强调，要加强国家科普能力建设，深入实施全民科学素质提升行动，线上线下多渠道传播科学知识、展示科技成就，树立热爱科学、崇尚科学的社会风尚。要在教育"双减"中做好科学教育加法，激发青少年好奇心、想象力、探求欲，培育具备科学家潜质、愿意献身科学研究事业的青少年群体。

（一）科学传播及其发展

科学传播是科学技术不断传承的途径，也是人类不断探索和发明的媒介，任何知识与技能只有为大众所掌握，才能发挥其真正的作用与价值。重视传播是做好一切事情的必要环节，就如同名人、名企、名牌是靠实力、创新、品质与传播结合而形成的，知名产品与服务企业都格外重视广告、新闻报道、公共关系与传播，而科学传播则备受青睐。

1.科学传播概念

多种定义　迄今为止，从事科技传播的人对科学传播（科技传播）概念有着不同的定义与见解。科技传播或科学传播还没有被清楚地定义。"典型的认识是，科学传播是专业传播人员（新闻工作者、公共信息官员、科学家）的活动"或者简单说"……对公众理解科学的促进"[1]。2000年《科学与公众：英国的科学传播与对公众态度的回顾》报告把科学传播定义为"下述群体间的传播：（1）科学共同体内学术界和产业界的团体；（2）科学共同体和媒体之间；（3）科学共同体和公众之间；（4）科学共同体和政府，或者其他具有权力、权威的部门之间；（5）科学共同体和政府或其他影响政策的部门之间；（6）产业界和公众之间；（7）媒体（包括博物馆和科学中心）和公众之间；（8）政府和公众之间"。

2000年，刘华杰和吴国盛先后发表文章，提出了科学传播的概念，并指出传统科普、公众理解科

1　袁阔.科学传播：一个当代定义（上）[J].世界科学,2007(07):40-42.

学和科学传播是科普的三个不同阶段。刘华杰认为"称现代科普为科学传播更合适，科学传播是比公众理解科学和传统科普更广泛的一个概念，前者包含后者"。吴国盛认为"提出科学传播概念，是把它看成科学普及的一个新的形态，是公众理解科学的一个扩展和延续。"田松对科学传播概念的提出和发展进行了较为系统的梳理，指出科学传播概念和提出与传统科普和公众理解科学有着很强的关联。[1]

基本内涵　科技传播学是研究人类一切科技传播行为和过程发生、发展的规律及科技传播与人和社会的关系的学科。科技传播是人类社会科学与技术系统得以产生和存续的基本前提，是科技发展的基本条件，是科技工作者进行科学发现和技术发明的基本支持。科学传播是以公众理解科学的理念为核心，通过一定的组织形式、传播渠道和方式向公众弘扬科学精神、普及科学知识、传播科学思想、倡导科学方法的活动，以提高公众的科学知识水平、技术能力、科学文化素养，促进公众理解科学，支持和参与科技创新的活动。

流行观点　布莱恩特把科学传播定义为"……科学文化和知识

1　田松.科学传播——一个新兴的学术领域 [J].新闻与传播研究,2007(02):81-90+97.

融入更广的文化共同体的过程"确认了科学传播无形的文化指向，它是一种连续的过程，而不是一次性单维的线性行为。[1] 流行的观点则把科学传播定义为"科技知识信息通过跨越时空的扩散而使不同的个体间实现知识共享的过程"，并按传播渠道把科学传播分为四种类型：专业交流、科学技术教育、科技普及和技术传播。

2. 科学传播内容

科学发现　科学传播的内容首先是科学知识，科学家发现真理的历史，是科学传播的主体内容，每一个伟大的发现，都是潜心研究的过程，都是长期科学实验、不断探索的过程，都是科学精神的真实写照，都是伟大的科学思想的一部分。科学发现是一个漫长的过程，是无数科学家观察思考，不断实验、不断扬弃的结晶。科学发现改变了世界，科学使我们对客观世界的认识不断深化。

技术发明　技术发明是指利用成熟的理论研究成果创造出新产品或新技术。技术发明是科学研究的拓展，是在不断的实践过程中，通过反复试错而最终成功的结果。技术发明改变了人类进程，改变了我们的生活方式、生产方式，提高了我们的生活水平和质量，丰

1　袁闯. 科学传播：一个当代定义（上）[J]. 世界科学, 2007(07):40-42.

富了生活的意义和生命的价值。使我们获得了充足的食物、洁净的饮用水、舒适的房屋、各种生产工具和生活用品等，使得人类战胜了水灾、地震、台风、海啸等各种自然灾害，使人们生活得更丰富、更健康、更快乐、更长寿。

科技历史　科学发现的历史非常丰富，曲折漫长，发明家发明各种具体器物历尽艰辛。科学理论变成具体用品、产品，还需要动手制作、物化的过程，需要能工巧匠的参与，才能成为具体可用的物品，技术发明改变了我们的生活，使人类得以不断生存、进化和发展，战胜其他动物、灾荒和疾病，使文明得以传承，文化得以接续，科学技术可以继续探索和实践。

3. 科学传播载体

多重载体　科学传播内容丰富多样，借助不同的载体不断创新发展。传播载体主要包括语言、图画、文字、讲课、讲座、论坛、图书、期刊、报纸、广播、电影、电视、戏剧、展览、科普活动、科普讲解、网络、手机、移动互联网、社交平台等诸多方面。不同方面各有侧重、各展其长、相互契合、优势互补、和而不同，共同构成了广义的科学传播体系。

无纸阅读　网络，特别是移动互联网的迅速普及，电子读物成为新的载体充斥网络，无纸阅读成为人们主要浏览信息的方式。科学传播内容日益丰富，速度不断加快，容量不断增强，水平不断提升。传播知识和信息、交流知识和信息、分享知识和信息成为人们生活中的重要组成部分，成为不可或缺的内容，以至于手机成为须臾不能离身的物品，重要度甚至超过了钱包。有了手机可以走遍天下，没有手机变得寸步难行。

人工智能 电子读物、语音播放软件、机器人、智能音箱开始加入辅助阅读行列，方便了人们读书，使得读书不必坐下读，而是可以边听边处理其他事物，从而解放了我们的眼睛，提高了人们时间利用的效率。随着语音输入日益普及，写文章或书籍，也可以请人工智能设备助力了。现在，网络信息皆可以进入语音搜索与播放模式，微信上的内容也可以进行语音播放。各类电话、网络购物服务平台主要是由机器人承担接听及服务。这是一个进步，是人力资源的解放，也大大提高了效率并降低了企业经营成本。chatGPT 的出现，预示着人工智能替代人的许多功能的时代真的来了。

科学传播载体在不断创新、变化、发展中，承载的内容更加丰富多样，传播的速度越来越快，传播的容量越来越大，覆盖的范围越来越广，科技与人们的关系越来越紧密，对人类社会的作用影响日益深远。

（二）传播媒介演化进程

人类为了记住某些重要的事物和知识，开始了漫长的探索和尝试记忆方法的过程。最初是语言，然后是图画、文字、书籍、报纸、期刊，广播、电影、电视、网络、移动互联网、社交平台、智能手机、智能音箱、智能机器人……

1. 语言

中文特指汉语言文字或汉语言文学。由于民间"语（言）文（字）"两个概念不分，因此中文便成为汉语言文字的民间通俗统称，包括书写体系和发音体系。王力先生在《龙虫并雕斋琐语·西洋人的中国故事》中说："依查理·蓝说，这故事是根据一个中文手抄本，由一个懂得中文的朋友讲给他听的。"中文也被称为汉文、华文。现代汉语（普通话）是世界上使用人数最多的语言。中文使用人数在 15 亿左右。

传播最初是口口相传，从吃、喝、住、行、用等基本生存需求开始的，出现家庭后，传播在家庭成员间进行，出现部落居住区后，在部落内进行，然后是不同部落间传播。从开始的只言片语到不断复杂化，随着语言的发展，传播的内容越来越多，含义日益丰富。但是口头传播存在着一些问题，传播过程中总会有人添枝加叶或遗漏某些内容，口口相传的种种弊端导致这一方法逐渐失灵，人们开始寻找其他的传播方法，符号、图画、文字等被陆续作为传播的载体及记忆的证明，取代口口相传而用来传达、记载事情。

文字是如何出现的？要回答这个问题，就要说说仓颉造字，这是中国古代神话传说之一，仓颉造字的地方叫"凤凰衔书台"。出自《淮南子·本经训》："昔者仓颉作书，而天雨粟，鬼夜哭。"仓颉曾把流传于先民中的文字加以搜集、整理和规范，在创造汉字的过程中起了重要作用。后人普遍认为仓颉可能是汉字的整理者，尊称他为"造字圣人"。相传仓颉"始作书契，以代结绳"。以前人们结绳记事，即大事打一大结，小事打一个小结，相连的事打一个连环结。后又发展到用刀子在木竹上刻以符号作为记事。随着文明渐进，事情繁杂，用打结和刻木的方法已经不能满足需要了，这就有创造文字的要求。黄帝时期是上古发明创造较多的时期，发明了养蚕、舟、车、弓弩、镜子、煮饭的锅、甑等，这些发明创造影响了仓颉。相传有一年，仓颉到南方巡狩，受"羊马蹄印"的启发，他到处观察，看天上星宿、地上山川脉络、鸟兽虫鱼的痕迹、草木器具的形状，日思夜想，反复描摹绘写，造出不同的符号，每个符号代表不同的含义。他按自己的心意用符号拼凑成几段，拿给人看，经他解说别人倒也能看明白。仓颉把这种符号叫作"字"。字的出现使得人类的文明进程开始加快了。

人类经过漫长的发展过程，开始出现了简单的符号、文字，从而传达了比图画更复杂的含义和内容。甲骨文就是最有代表性的文字，保存下来的甲骨文，使我们得以了解中华民族灿烂的文化与文明。在中国河南安阳的中国文字博物馆和殷墟遗址中，可以见到许多出土的甲骨文，使我们得以了解那遥远的远古时代。文字最初是刻在石板上、骨头上、竹木上的，文字的发明使人类进入了文化、科学传承的时代，这是祖先留给我们的最宝贵的财富，某种程度上讲，其作用不亚于火的发现与使用。

文字发明后，人类开始向文明时代迈进。文字是传播和记载知识和信息的最好媒介。无论何种媒介，最终还是要通过文字记载知识和信息。虽然录音、录像也是重要媒介，但是它毕竟需要借助其他设备来读取，远不如文字直接读来方便。通过远古时代的楔形文字、殷墟的甲骨文的解读，我们得以知道一些人类科学发展的历史。美国的科技史学家乔治·萨顿的《科学史导论》为我们提供了远古和中古时代早期的许多信息。另一位英国科技史学家丹皮尔的《科学简史》对科学历史做了简要陈述，将人类史上与科学发展息息相关的哲学、宗教、艺术、伦理融会贯通于其中，从古代科学世界的萌芽，到科学在中世纪的蒙昧中缓缓前行，再到近代科学大突进，无一不贯穿着人文科学对自然科学发展的巨大影响。

2. 图画

人类最初为了记住重要的动物、植物等知识，开始在岩石、兽骨、树木等上面刻画。我常常猜想，这最初可能是为了记住飞快奔跑而抓不到的动物，先民们先画出来记下这种可以作为食物果腹的动物，以后再想方设法捕获它，同理于植物和其他万物。这在许多远古遗迹、遗址及出土文物上的图案中也许可以得到证实。图画至今仍在知识、信息的传播中发挥着其独特的作用，随着绘画、摄影技术的不断进步，图画、照片又被赋予了更多新的内涵。我们现在看到报刊中照片、图画所占比例在不断提高，特别是彩色照片、绘画等被大量使用，以此增加报纸对读者的吸引力。书籍、杂志亦是如此，刊物越来越多地向画刊转变，乃至严肃的学术书籍也开始大量插入照片、图画等。无论是网络、微博、微信，还是专家的学术报告、领导人高峰论坛的演讲，其演示文稿（PPT）中都不乏精美、高清晰度的图画、照片，这是现代传播的重要趋势与特征。

图画与照片是一种很好的记忆方式，能长久地流传，也可以长久地留在人们的脑海中。人类的祖先，无论中外都采取了画画的方式来记住重要的事情。甲骨文这种象形文字的出现，也是源于画画。时至今天，文字与图画、照片结合仍然具有很好的传播效果，图文结合、图文并茂是传播的极好方式。

3. 书籍

书籍是指装订成册的图书和文字，狭义上是带有文字和图像的纸张的集合。中国古代纸张推广前，书籍多用以火焙干的竹子编成。随着语言文字的不断发展，文章开始出现和流传，初期的书籍是手抄本。印刷术的发明使印刷的文章、书籍成为知识传播的主要媒介。书籍的出现，使知识得以广泛传播，灿烂的文化、科学发现、技术发明得以传承。阅读书籍是人们接受教育和获取知识、技能的主要方式。苏联作家高尔基说"书籍是人类进步的阶梯"。

习近平总书记 2022 年 4 月 23 日在致首届全民阅读大会举办的贺信中指出："阅读是人类获取知识、启智增慧、培养道德的重要途径，可以让人得到思想启发，树立崇高理想，涵养浩然之气。中华民族自古提倡阅读，讲究格物致知、诚意正心，传承中华民族生生不息的精神，塑造中国人民自信自强的品格。希望广大党员、干部带头读书学习，修身养志，增长才干；希望孩子们养成阅读习惯，快乐阅读，健康成长；希望全社会都参与到阅读中来，形成爱读书、读好书、善读书的浓厚氛围。"

随着信息技术的日新月异，印刷技术飞速发展，目前书籍出版数量已经达到人类前所未有的程度，据统计，世界每年出版三十万种图书，我国每年出版的书有十万余种。在浩如烟海的书海中，任何人能读的书籍是十分有限的，即使一天读一本，一个人终其一生的阅读量也是有限的。一定要明白，你能读的书是有限的，你知道和掌握的知识也是有限的，但不能停下阅读和学习的脚步，只有多读书、善读书、读好书，才能与时俱进，不断提升自己。

电子书的出现，改变了人们获取知识的方式，一批电子出版物分流了纸质图书读者，这是潮流和趋势。科学知识、技术方法，通过书籍不断传播、传承，会为人类创造更加美好的未来。第十九次全国国民阅读调查显示：2021 年我国成年国民包括书报刊和数字出版物在内的各种媒介的综合阅读率为 81.6%，人均纸质图书和电子书阅读量继续上升，"听书""视频讲书"等阅读形式为读书提供更多选择。其中，人均纸质图书阅读量为 4.76 本，人均电子书阅读量为 3.30 本。从阅读形式上看，2021 年有 45.6% 的成年国民倾向于"拿一本纸质图书阅读"。中青年群体成为数字化阅读的主体。有 77.4% 的成年国民进行过手机阅读，71.6% 的成年国民进行过网络在线阅读。超过三成的成年国民养成了"听书"的习惯，通过"视频讲书"方式读书成为新的阅读选择。从阅读时间上看，2021 年我国成年国民人均每天读书时间达到 21.05 分钟，但低于人均每天 101.12 分钟的手机接触时长。2021 年我国 0 至 17 周岁未成年人图书阅读率为 83.9%，人均图书阅读量为 10.93 本。

4. 报纸

报纸是以刊载新闻和时事评论为主的定期向公众发行的印刷出版物或电子类出版物，是大众传播的重要载体，具有反映和引导社会舆论的功能。由于书籍写作出版周期长，难以满足人们对知识、新闻的快速需要，报纸应运而生。报纸的出现，满足了人们快速获取新闻、信息、知识的需求，还催生了记者这一职业，记者成为传播信息的专职从业者，报纸也成为新闻和信息传播的主要媒介。经济、政治、军事、卫生、文化、教育、科技、体育、社会方方面面的内容都成为报纸的主要内容，科技知识的传播借助报纸得以普及，科技成果、知识、新闻在报纸内容中占据重要的一席之地，在《人民日报》《光明日报》《经济日报》等主流报纸中，科技内容颇受欢迎。

科技类报纸为人们获取科技成果、知识和信息提供了便利。1959 年 1 月 1 日，《中国科学报》的前身《科学报》在北京创刊，是我国创刊最早的科技类报纸。1989 年 1 月 1 日更名为《中国科学报》，1999 年 1 月 1 日更名为《科学时报》，2012 年 1 月 1 日复名为《中国科学报》。1986 年 1 月 1 日，《中国科技报》诞生了，1987 年 1 月 1 日更名为《科技日报》。《科技日报》《中国科学报》成为我国报道科技新闻、传播科技知识的主要纸媒。2017 年 9 月，《科普时报》（《科普时报》前身系科技部主管的《科技文摘报》，于 1993 年创刊）成为科普的专业报纸，在报纸陆续退出市场的大背景下，也是难能可贵的事，获得了社会各界人士的关注。时至今日，读报仍是许多人生活的一部分，特别是中老年人。在移动互联网的冲击下，报纸在坚守科学传播事业阵地的同时，开始了融合媒体发展进程，多业经营，顽强地为生存而战。

5. 期刊

期刊是定期出版的刊物。形式有周刊、半月刊、月刊、双月刊等。期刊不同于报纸与书籍，它以内容丰富并有一定的知识深度见长，既不同于书籍篇幅较长及出版周期过长，又不同于报纸内容的简短及快速，期刊通常以月刊为主。1913 年，比利时开始发行科学期刊《爱西斯》，这是世界上第一份科学刊物，标志着科学进入了一个新的发展阶段。

学术期刊是科技人员不可缺少的读物，是发表其学术成果的重要平台，也是科研人员了解、交流学术进展和科研成果的重要途径。专业期刊则是属于专业人士和业余爱好者的定期的知识大餐。周忠和院士常提到自己在中学时经常阅读老师的《化石》杂志，这对他后来从事古生物研究有很大影响。科普期刊则是年轻读者的最爱，一些专栏作家拥有不少粉丝。随着电子刊物、网络刊物阅读人群的增长，目前期刊出现了两极分化的趋势：优秀刊物如日中天，长盛不衰，拥有固定的读者群，例如《中国国家地理》《博物》《读书》《科学画报》《航空知识》《气象知识》在社会上具有广泛影响；但一般科普类刊物在电子刊物、网络阅读的冲击下，读者锐减。

6. 广播

广播电台通过电波播送节目。广播指电台播送的以电波为载体，以声音表现出来的节目。广播的优势在于即时性、覆盖面广，收听方便，对人们来说是一种省事、省时、省力的获取知识和信息的方式。收听广播通常是免费的，方便的，随时随地可以实现的，对于在野外的人们，广播非常重要。当然，一些专门的广播平台需要付费收听。

广播的特点是不拘形式，不占用地方，不影响收听者同时做其他事情。听不同于阅读，带来的收获和效果也是不同的。对于开车、坐车上班与出行族，收听广播也是很好的获取新闻和信息的方式，新闻、信息、歌曲、流行音乐都不会错过，体育直播也可以边开车边听、边坐车边听、边骑车边听。如果在车上没有收听广播的设备，或者没有播放音乐或电子书的设备，那该是多么寂寞、乏味的行程啊。

以前我们没准还嘲笑幼时学童琅琅读书声，现在回顾一下，发现我们可能错了，应该庆幸的是，幸亏儿时在老师、家长的逼迫下朗读背诵了不少文章和诗词，以致到现在不时仍可脱口而出那些诗词名句。有些声音留下的记忆是很久的，因此当你开车、坐车、骑车、步行在路上，听听广播里的科普讲解也是不错的"充电"与提高的机会。

7. 电影

电影是一种以视觉艺术形式呈现的作品，通过使用移动图像来表达和传递思想、故事、认知、情感、价值观等。这些图像通常伴随着声音，很少有其他感官刺激。"电影"是电影摄影的缩写，通常用于指代以电影制作为代表的电影产业，以及由此产生的艺术形式。电影是一门综合艺术，也是传播的高级阶段。通过语言、音乐和表演，使其具有了非同一般的传播力。许多知识通过电影可以达到极大的普及，这大概也是电影的独特魅力之所在。电影对任何人群均具有很强的吸引力，与演员的演技、情景设计、摄影艺术的综合使用有很大关系，同时，影院观赏也是一种娱乐方式与消费热点。电影一直长盛不衰，尽管受网络的冲击，电影依然具有很强的传播能力。

科学技术一直是电影中不可缺少的内容，也是深受观众喜欢的内容。这方面既有直接讲述科学技术内容的电影，也有间接植入科技知识的电影，都在给人们带来快乐的同时传播着科学技术知识。影片更多体现为电影与纪录片，在科学传播方面始终占有一席之地。科学电影可以艺术再现科学家、科学研究、发明家、发明创造的那些事，具有很强的传播力。纪录片真实记录了科学家和发明家的精彩生涯，具有很强的影响力。科学内容题材的电影很多，科学家传记的电影也很多。《帝企鹅日记》(2005)，《机器人总动员》(2008)，《月球》(2009)，《阿凡达》(2009)，《地心引力》(2013)，《星际穿越》(2014)等影片都是精品。

8. 电视

电视指使用电子技术传送活动的图像画面和音频信号的设备，即电视接收机，是重要的广播和视频通信工具。电视的出现，使得人们可以在家中收看新闻，观看文艺、体育节目，欣赏电影、戏剧、纪录片等。世界上出现任何重大事件，人们首先会选择电视来收看。特别是当手机也可以收看电视直播时，人们可以随时随地通过手机收看电视节目，特别是直播节目。但一些重大科技事件，例如载人航天、火星探测、深海潜行等现场报道，主要依靠电视直播报道。例如在太空出差半年的景海鹏、王亚平、叶光富返回的情景，中央电视台进行了现场直播和采访报道。

科学技术新闻是电视的重要内容。科技成果、科技事件通过电视可以实现传播效果的最大化。科技频道专门从事科学传播。央视、许多省级广播电视台开设了科技频道，专门播放科技类节目，拥有一批固定观众。科学题材节目的播放同样也是传播科学的重要平台。央视的《动物世界》《舌尖上的中国》《加油！向未来》《影响世界的中国植物》，上海广播电视台的《少年爱迪生》等都有很高的收视率。

9. 互联网

互联网指的是网络与网络之间所串连成的庞大网络，这些网络以一组通用的协议相连，形成逻辑上的单一巨大国际网络。互联网并不等同万维网，万维网只是一种基于超文本相互链接而成的全球性系统，且是互联网所能提供的服务其中之一。互联网的发明，改变了人们知识、信息获取方式和交往方式，集合并替代了以往所有的媒介。它的最大特点是便捷，可以随时随地获取信息与相关知识，一切知识皆在网上，皆在云间。

文字在网络上的传播形式发生了变化，一种"科普体"的传播形式出现了，它是一种文字被压缩、精简，言简意赅，但是被植入了照片、图表、图画等说明内容的直观表现形式，使读者阅读更轻松了。因为网络读者以年轻人居多。满篇的文字他们是不愿意看到的，也不愿意浪费那么多的时间去读长文。

图片是比文字说服力强的形式，很多人认为"有图有真相"，拍照成为人们生活、工作中的常态，上网查看图片是获取信息、新闻的好方式与途径。正所谓"一图胜千言"，道理不言自明。

视频的效力远胜于文字和图片，这是不争的事实，拍视频进行传播，可以说是最有效的传播方式，人人都可以成为视频的拍摄者与传播者，这使得电视台的优势开始减弱，不得不开始采取直播的形式增加竞争力。特别是抖音、哔哩哔哩、快手等平台的出现，极大地丰富了视频资源，开始逐步主导科学传播方式。我将其称之为"一频胜千图"。

社交平台已经成为传播效力最强和影响最大的网络交往平台，因为人人皆可传播信息和发表意见，平台上每一个人都可以及时获取信息。现在无论是一国领导人、著名政治人物，还是科技、经济、文化、体育名人等，通常会第一时间在社交平台上发布消息，瞬间可以让亿万人知晓自己的相关信息。

网络的不断普及，让一般性报纸、刊物等纸质媒体的消失开始进入倒计时，就如同胶片照片被电子照片取代一样。人类的进步就是这样，新的传播形式会相继出现，会使科学传播的效率、效果更佳。对此，我们应该持欢迎的态度，调整心态，适应不断变化、进步的世界。

10. 科技活动

科技活动指在所有科学技术领域内，即自然科学、农业科学、医药科学、工程与技术科学、人文与社会科学中，与科技知识的产生、发展、传播和应用密切相关的全部活动。为了传播知识，政府部门、事业单位、各类媒体、社会组织、企业常常采取组织活动的方式。特别是科技活动周、公众科学日、科普日等活动。这些传播科技知识的活动为公众创造了现场参观、亲身体验的机会，从而具有真实感、获得感和较大影响力。在各种活动中，讲解人员发挥了非常重要的作用。具备讲解能力的专业人员颇受欢迎，他们的讲解对活动的成功举办起着非同一般的作用。

展览 随着新的科研成果不断涌现，为了加强宣传，政府部门、科研机构、大学、社会组织、企业通常会采取举办科技展览的方式进行宣传和推广。特别是新技术、新装备、新产品等，借助展览可以快速地推广、销售。展览现场如具有专业背景的讲解人员熟练的讲解，有助于客户订货或达成投资意向。这类讲解更多是科普讲解，一定要深入浅出地讲明技术的先进性、设备创新性、产品的高科技含量等关键技术指标。

体验 目前的很多活动安排科技成果展示，已经不是仅仅摆放展板了，更多采取实物展示，或者模型展示、现场演示，安排参观者参与、体验、互动，从而增强展示效果。讲解人员这时可以一展身手，为参观者讲解，回答参观者提问，指导参观者进行体验。

竞赛 竞赛是优秀讲解者脱颖而出的最好机会，讲解者一定要抓住机会，积极参加科普讲解竞赛。争取好成绩。但平时讲解得好，参赛时未必就能取得好成绩，因为竞赛与平时讲解有所差别，一定要高度重视，进行充分准备，熟悉竞赛要求，多练习、多演练、熟能生巧，功到自然成，更好展现自我，力争最佳收效。

（三）科学传播方式演进

1. 讲课

讲课是传播知识最有效的方式，一直作为主要的教育和传播方式。从私塾到学校，从小学到大学，从私人教师到培训机构，从一对一到一对多，听讲是人们接受教育、学习知识的主要方式，通过听课，人们获取了大量系统化的文化科学知识。我们接受教育主要是在学校听老师讲课。

人类的发展离不开教育，对许多人来讲，终身都要接受教育，或者进行某种形式的"充电"。众多有知识的人在学校从事知识传播工作，使每个人通过教育获取了生活或工作所必需的知识。无论是正规教育还是非正规教育，听讲是获取知识的主要途径。现在提倡终身教育，但是听讲已经不一定在学校了，可以在家中、社区、博物馆、科技馆、图书馆，甚至是网络、手机等移动终端上。

2. 讲座

讲座是一种教学形式，多利用报告会、广播、网络等方式进行。通常指的不是正规教育，而是就某个专门知识、思想或学术主张而进行的非正规授课内容。讲座通常传递新知识或重要的、较难的知识，一般是没有列入教学大纲中的内容，没有教科书但是很重要，便采取讲座的形式进行传播。在知名大学、中学，乃至小学中，在科研机构、企事业单位，乃至政府机关，经常都会有各种内容的讲座，经常被邀请举办讲座的人，通常是知名学者、专家、教授。听讲座是获取最新知识和研究成果的捷径。

讲座是校外教育的主要补充。人们从学校毕业后，开始独立工作、生活，组建家庭，这时仍然会有不少新知识、新技能、新产品等需要学习、掌握，为了充实自己的生活与社交，也要不断为自己"充电"。各种讲座应运而生，满足人们的生活需要、个人职业生涯发展及某种普遍与特殊兴趣、爱好与需要。

最新的科技进展可能不能及时在教科书中出现，反而通常是以讲座的形式传授给学生的，这大概也是校园里各类讲座非常火的原因吧。近年来兴起的网络会议，为在线讲座提供了新选择，十分流行。

3. 演说

演说，指在观众面前，就某一问题表达自己的意见或阐明某一事理，亦称演讲，讲演。演讲是传播方式的一种，通常是为了传播一种思想、学术观点和某种主张，更多用于政治和其他竞选、竞争。当然传播知识也可以用演讲的方式。从事讲解的人一定要区别讲解与演讲，它们的形式不同，内容各异，目标也有所区别。如果不认真区分，把讲解与演讲当作一样的方式，会适得其反的，务必要区分清楚。

会议与论坛是知识交流与传播的重要平台，相同领域或不同领域的专家聚集在一起，针对某个或某些问题发表见解，展开交流和讨论。许多前沿科技与专业热点问题大多是通过学术会议、研讨会、年会或论坛等形式进行的。

4. 讲解

讲解是一种介乎于讲课和演讲之间的传播方式。讲解是为了介绍、传播某种知识、产品而进行的将信息传播给公众的社会活动，它要求使用科学语言和其他辅助方式。

讲解最早出现在博物馆、美术馆、科技馆中，后来开始出现在展览会、展销会上。由于其借助展品、产品、模型、道具、多媒体等辅助手段，运用科学的语言将知识传递给公众，通俗易懂，深入浅出，因而深受人们欢迎和喜爱。

现在需要讲解的场合越来越多，需要讲解的对象日益多样化。讲解要擅长"以小见大"，选择公众高度关注的领域进行"小话题"的"大讲解"；讲解要注重科普的"解释性"，运用有互动感、交流感的讲述，讲出公众听得进、用得上的精彩内容；讲解要结合科普的"科学性"和"艺术性"，科学性要呈现出最新的科技知识和严谨的数据资料，艺术性则是视听元素、语言文字、肢体语言的综合。为了增强讲解效果，单靠语言讲述是不够的，最好能借助道具、实物或模型进行辅助解释，或者通过实验进行演示。讲解的内涵在不断完善和发展，讲解的功能和作用也在不断拓展，与时俱进会使讲解获得更大的拓展空间，发挥不一般的作用，成为科学传播的利器。

（四）科学传播方式特点

随着科技创新日新月异，科学传播方式处于不断变化发展之中，无线电的发明，使得科学传播迈入了快速传播阶段，广播、电报、电话都成了传播的新平台。电影、电视的出现使科学传播进入了千家万户、寻常百姓家。而互联网、手机不仅改变了人们生活、生产，也改变了科学传播方式。如今，科学传播呈现出以下特点。

1. 手机拍照成为传播主流

移动信息平台　手机的拍照功能，被人们运用到了极致，手机持有者几乎每天都在拍照，具有拍照功能估计是手机最受欢迎的原因之一，当然电子照片取代胶片照片，使用者无须付费则是其快速普及使用的前提。"有图有真相"，拍照发布或留存证据，成为最有效、最有力的拍照理由，也是留念的最好方式。合影留念不仅是亲友、同学、朋友、同事会议、聚会的保留节目，也是各国首脑会议的保留节目。

照片真实可靠　照片成为传播的主要内容，文字再多也不如照片真实、可信度强。手机为人们留存证据提供了最大方便，第一时间拍照保存照片成为人们日常生活、工作、参与公共事务及社交最常使用的方法。拍照也是人们相聚留念、重要活动纪念的最好方式。人们回顾往事时，观看照片是主要方式之一。

图文深度结合　图说一切成为每个人都想做的事情，图文并茂成为传播主流。纯粹的文字新闻开始变得不那么受欢迎了，这种现象已经体现在报纸、期刊、书籍的版面变化上，即使是《人民日报》《光明日报》《经济日报》《科技日报》等主流报纸，版面上照片也变得越来越多了，黑白照片也换成彩色的了。学术期刊中也经常出现插图，科普期刊成了画刊，科普书中的配图也越来越多。

2. 图片成为科普讲解标配

图说内容　"一图胜千言"，再优美的文字，其传播效果在图片面前也会黯然失色。照片、插图的传播效果远胜于文字，一些传播大师和高手深谙此道，他们的科普讲座、文章、书籍中会大量引用照片和插图等，起到了很好的辅助传播的作用。科普讲解高手也在图片应用方面得心应手，其讲解 PPT 中大量使用图片，增强了讲解的科学性、可视度和观赏性，收到很好的传播效果。

科普图书　科普书一定要配图片。不配图片的科普书，想成为一部科普畅销书是很难的事。我通常将科普书称之为科普图书，我甚至认为没有图片的科普书不是好的科普书，当然，大师级作品不在此列了。记得有一次在某部门的优秀科普图书评选会上，欧阳自远院士在评审结束后，对其中一本《爆笑科学漫画——物理探秘》（美国作家拉里·高尼克、阿特·霍夫曼著，吴宝俊译）交口称赞，爱不释手。幽默文体漫画版的物理科普书受欢迎程度可略见一斑。

图文并茂　图文结合、图文并茂传播效果最佳，自然成为科学传播的重要途径。作者与读者均认识到这一点，从而配图成为科技文章、科普文章、科技著作、科普图书不可缺少的要素。看科普图书不仅仅是学生的专属，成年人也加入阅读科普图书的行列中。我曾多次赴日本考察、研修，在日本看到许多成年人在公交车、地铁、飞机上看漫画书还困惑不解，现在明白了。图文结合的作品与书籍在人脑海里留下的记忆或印象是不亚于文字的。林群院士和我多次在研讨会上提及这一现象，呼吁大家关注这一现象。漫画书的作用不容小觑，要知道进入 21 世纪以来，日本至今几乎每年都有诺贝尔科学奖获奖者。

3. 微博即时分享互动平台

微博是基于用户关系的社交媒体平台，用户可以通过电脑、手机等多种移动终端接入，以文字、图片、视

频等多媒体形式，实现信息的即时分享、传播互动 。每
条微博不能超过 140 个字符，它提供简单、前所未有的
方式使用户能够公开实时发表内容，进行裂变式的传
播。据统计，2022 年全年，微博月活跃用户达到 5.86 亿，
同比净增 1300 万，日活跃用户达到 2.52 亿。

"微博"效应　微博已经成为个人信息发布的主要平
台。其他传播方式在其面前相形见绌。一些名人在微博
上的发声，可以瞬间传遍全球，影响力之大远超各类媒
体。微博在信息、知识传播和新闻发布会上占得先机和
优势，具有很大的影响力。

4. 微信即时通信公众平台

微信是腾讯公司推出的为智能终端提供即时通信服
务的免费应用程序（2011 年 1 月 21 日）。微信支持跨通
信运营商、跨操作系统平台通过网络快速发送免费语音
短信、视频、图片和文字，同时也可以使用共享流媒体
内容。微信在 2016 年就已经覆盖了中国 94% 以上的智
能手机，用户遍及全球。微信提供公众平台、朋友圈、
消息推送等功能，可将内容分享给好友，以及将用户看
到的精彩内容分享到朋友圈。微信的月活跃账户超过了
12 亿。

"微信"魅力　微信的出现改变了信息传播格局，创

新了知识、新闻传播的方式，其特点是人人可以成为发布主体，人人可以在朋友圈发布即时内容，内容简短、真实度高、传播速度快、成本低廉。微信的效力低于微博，主要在朋友圈传播，但是朋友圈人群不断转发，使得信息呈现几何级的扩散，同样不可小觑。

5. 微视频即时现场发布

科普微视频　图片胜于文字，视频优于图片，科学可视化成为一种流行的科学传播方式，正所谓"一频胜千图"，我常常用此来说明视频传播的重要性。手机可以录制和传送视频，从此开启微视频科学传播的新天地。科技部、中国科学院为丰富我国科普微视频资源，鼓励和支持原创科普微视频的创作制作，2015 年开始联合举办全国科普微视频大赛，每年评选 100 部全国优秀科普微视频作品向社会推荐。这一活动发挥了良好的引领和示范作用，为推进我国科普微视频的制作和传播发挥了十分重要的作用。

科普微视频大赛在促进微视频推广普及上发挥了十分重要的作用，随着抖音、快手等微视频平台开始崛起，后来居上，视频传播成为最有效的传播方式。视频的真实感、快捷性、互动性，使得文字与图片相形见绌。目前无论是通讯社、报社、杂志社、出版社、广播电视台、网站，还是个人，都开始拍摄和制作微视频。在这个互联网时代，人人都可以是微视频的拍摄与制作者，人人都可以成为科技新闻和知识的传播者。

抖音走红　抖音凭借短短 15 秒的视频内容形式迅速走红，赢得了观众的喜爱。当前社会的现状是每个人都很忙，工作与生活的压力繁重，个人的时间被分割成碎片，常常无暇顾及其他传统媒体，抖音平台的开发者捕捉到这个需求而推出了新的产品，迅速占领了自媒体市场，使其成为最受欢迎的传播形式之一。

直播节目　近年来，微信视频号、直播节目异常红火，许多知名人士、明星开设视频号进行直播，许多普通人也开设了视频号，加入传播及带货大军中。科学传播也迎来了一场技术角逐。一部手机就可以直播，一部单反相机就可以录制节目在各个平台乃至电视台上播放，从而使直播变成了大众传播利器。

（五）科普讲解独具魅力

人们在博物馆、美术馆、科技馆等公开场所参观时，讲解员的讲解为参观者带来了极大的便利，知识得以有效传播。那么离开了博物馆、美术馆、科技馆，知识的传播就变得较为困难，更多采取的是专家、老师的讲座和讲课的形式。这种方法对公众来说效果一般，长篇大论的讲座也使观众觉得没有意思，甚至觉得索然无味。如何创新传播方式成了摆在管理者和科普工作者面前的一个问题。

1. 搭建交流平台

广州市举办的科普讲解员大赛，开启了科普讲解在社会上流行的先机。2012 年，广州市科技和信息化局在广州科技活动周期间举办了广州市十佳科普讲解员大赛，讲解员在舞台上的精彩讲解给了我很大启发。为什么不把这个活动推向全国呢？我将这个想法跟当时的广州市科技局主要领导和广东科学中心党委副书记朱才毅讲了，得到了他们的积极响应。我们一边喝着咖啡，一边就开始讨论起草举办全国科普讲解大赛的方案。在各方的共同努力下，在科技部主要领导的大力支持下，2014 年，科技部启动了全国科普讲解大赛，得到有关部门和地方的积极响应和参与，开始每年举办一次。

2. 推广讲解方式

最开始，在大赛名称是"科普讲解大赛"还是"科普讲解员大赛"上我们是有分歧的。我坚持全国"科普讲解大赛"的提法，去掉"员"字，关键是我认为科普讲解不能仅仅靠科技馆的讲解员，而是要动员吸引广大科普工作者、科技工作者、社会各界人才都来从事科普讲解，人人都成为科学传播的使者，在激烈的辩论中我们达成了共识。现在看来，我们当时还是有点远见卓识的。在征求相关部门和地方意见后，我们修改完善了方案，得到了科技部有关负责人，时任科技部政策法规与监督司司长、现任国务院参事、科技部副秘书长贺德方的大力的支持，经请示时任科技部党组书记王志刚同意，最终将其列为全国科技活动周的重大示范活动，一项新的科学传播活动就这样启动了。

3. 降低科普门槛

以前科普主要依靠院士、研究员、教授等高水平专家举办科普讲座，但是寻找合适的专家讲座是不太容易的事，也导致科普成本较高，难以经常举办。而科普讲解就简单多了，通俗易懂、深入浅出、成本低廉、入门容易，而且为群众喜闻乐见。目前许多市县、学校、科研机构、科技馆等纷纷举办科普讲解竞赛活动，涌现出一批讲解高手，极大地丰富了科普专家资源，慢慢成为日常科普的主要内容之一，科学传播效果提升了，科普活动成本也降低了。

2023 年 7 月 20 日，习近平总书记给"科学与中国"院士专家代表的回信"多年来，你们积极参加"科学与中国"巡讲活动，广泛传播科学知识、弘扬科学精神，在推动科学普及上发挥了很好的作用。"科学普及是实现创新发展的重要基础性工作。希望你们继续发扬科学报国的光荣传统，带动更多科技工作者支持和参与科普事业，以优质丰富的内容和喜闻乐见的形式，激发青少年崇尚科学、探索未知的兴趣，促进全民科学素质的提高，为实现高水平科技自立自强、推进中国式现代化不断作出新贡献。

这对广大科技工作者、科普工作者，从事科普讲解的各界人士无疑是巨大的鼓励与鞭策，也将有力的推进科普讲解的创新与发展。

小结：本章主要介绍了科学传播与发展，传播媒介的不断演化，科学传播内容与方式的创新，不同科学传播方式的特点等。对传播的概念，传媒媒介的逐渐演化，传播内容的日益丰富，科学传播的出现及不同传播的方式特点等问题进行了介绍。对讲解的概念，特别是科普讲解具有的特点及其独特魅力进行了介绍与论述。

第二章

科普讲解

讲解是以展陈为基础，运用科学的语言和其他辅助方式，将知识传递给公众的一种社会活动。讲解是人人都应具备的基本能力，它是生活的需要，也是工作的需要，更是参与社会生活和公共事务必不可少的基本交往能力。科普讲解是在一定的时境内，运用有声语言、态势语言及其他辅助方法向听众普及科学知识、弘扬科学精神、传播科学思想、倡导科学方法的活动。

讲解最初出现在博物馆、美术馆、科技馆中。讲解是公众参观博物馆、美术馆、科技馆的基本需求。博物馆的展品、标本、陈列物等需要专业人员进行讲解；美术馆的艺术作品、雕塑等需要专业人士讲解；科技馆的实物、模型、展品、设备等需要专业人员讲解、演示、试验；展览馆、博览会、展销会、产品发布会等新科技成果、新产品、新设备需要专业人员讲解使用方法、演示。上述讲解活动通常发生在博物馆等展厅里，由专业工作人员进行。按照参观者的需求，通常由参观者付费而定向提供讲解服务。博物馆等也会定期、定时为参观者提供免费讲解服务。

　　科学传播有多种方式，应正确认识科与普、讲与解的关系。要多方面、多角度地进行选材，充分运用讲述与解释相结合的方法进行讲解；科普讲解应以小见大，通过实验、实物、教具、视频等形式，既可增加直观性，也可活跃现场氛围，科普讲解应是亲切的、自然的、活泼的，有幽默感的；科普讲解应做到"动静结合、因人施讲"。要提前了解科普讲解的受众群体，在面对不同年龄、不同身份的观众时，选取相应内容，运用不同的讲解技巧和语音语调，以此达到最佳效果；科普讲解应在保证专业性的同时兼具趣味性、增强艺术感。讲解员着装要符合讲解内容，服装配色给人美的感受，从细节着手，使人赏心悦目，让讲解效果锦上添花。

　　举办科普讲解竞赛为讲解员和社会各界人士搭建了讲解大平台，讲解活动从博物馆内走向了社会，从专业人员拓展到社会各界人士，讲解场地从专门展厅搬上了讲台，讲解内容从真实展品变为虚拟物，观众数量从小群体变成了大群体。科普讲解竞赛改变了讲解格局，充实和丰富了科学传播的内容和形式，使专业讲解员走出了展厅，走上了讲解台，走向了社会。使业余讲解人员走进了展馆，走上了讲解台。展馆陈列等专业知识从展厅走向了社会，科研机构、大学、企业、社会公共机构等专业知识也从单位内传播到社会上，促进了公众了解科技、理解科技、尊重科技、支持科技，这是科普的一次具有扩散性的创新，意义非同一般。

（一）讲解概念含义

讲解是以展陈为基础，运用科学的语言和其他辅助方式，将知识传递给公众的一种社会活动。讲解是人人都应具备的基本能力，它不仅是生活的需要，也是工作的需要，更是参与社会生活和公共事务必不可少的基本交往能力。科普讲解是在一定的时境内，运用有声语言、态势语言及其他辅助方法面向观众普及科学知识、弘扬科学精神、传播科学思想、倡导科学方法的实践活动。

讲解不是讲课，也有别于演讲。讲解汇集了导游、教师、播音员、演讲者、主持人、演员、表演者等专业的技术手段，是专业性、知识性和艺术性的综合。讲解的对象千差万别，包括知识层次和年龄层次等不同的群体。

1. 讲解主体

讲解是人们应该具备的一项基本技能，人人都应该学会讲解，从而在生活、工作中占得先机。科普讲解是一种具有专门要求和约定形式的讲解。

讲解人员 讲解人员主要任务就是讲解展品及陈列物，将展品、陈列物讲述给参观者，解释展品、陈列物的相关知识，回答参观者的各种提问，提高参观者的获得感及参观价值。

科研人员　科研人员无论是申请课题，接受质询、结题验收，还是接待参观者，同行交流，参加各种展示活动，都面临着讲解的任务，他们需要讲述研究项目的内容、目的、作用和价值，从而获得立项和必要的经费支持。

科普人员　科普工作者的任务就是普及科学知识，弘扬科学精神，采取各种易于公众理解和接受的形式。讲解是传播效果好的活动形式，也是科普运用较多的形式。从事科普工作，应该掌握科普讲解能力。科普讲解是科普人员的基本功。

志愿人员　科普志愿者从事科普工作，是公益性活动，是对社会的奉献。科普志愿者不管从事什么职业，从事科普尽量要发挥个人的长处和优势，从而帮助科普机构、组织提高科普水平，满足公众对科学技术的特殊需求。

2. 讲解对象

讲解的对象很广泛，科普讲解对象主要包括以下几类：

孩子　作为父母你应该具备为他（她）讲解一切的能力。他（她）来到这个世界，对一切都好奇，一切都是新鲜事物，一切他（她）都想知道和学习，会问你无数个为什么。那么你就得把各种知识讲解给他（她）。如果你想赢得孩子的信任、尊重、敬佩、爱，那么赶紧学习百科知识吧，了解学习掌握《中国公民科学素质基准》相关知识内容吧，赶紧掌握科普讲解能力和技巧吧，做个孩子敬佩的科普讲解达人吧。

亲属　亲人是你社会生活中来往最多的人，到你家做客，一同购物、聚餐或出游、参观是常有的事，彼此间有很多事物要交流、沟通、分享，讲解是常有的事。具备了讲解能力，掌握了讲解技巧，对自己熟悉的知识进行讲解会赢得亲属的信任和尊重，往往会事半功倍，收效甚佳。

朋友　朋友是常常互通有无的人，遇到问题和困难找朋友，那是对你的信任。能不能讲述清楚，解释明白很重要。朋友来家中做客，或到单位登门拜访，肯定是有事而来，如何能简单明了地讲述解释客人请教、求助的问题很重要。也是体现诚意和水平的机会。

同事　同事与你在一起工作的时间很长，工作中常常彼此请教。讲解是体现自己能力和水平的最好时机，能够有问必答，讲解清楚同事提出的问题非常关键和重要，能为自己赢得同事的信赖。自己擅长的主动讲解给同事，遇到不明白的问题及时请教同事应该成为常态。

专家　　在专家面前讲述和解释某些你熟悉的专业知识和信息，可以使专家了解你对所讲知识的掌握程度，也能体现出你的表达能力和知识水平。当然这对你是有压力和充满挑战的讲解，因为你的问题和不足也会如同你的优点一样被专家慧眼洞察。

3. 讲解场所

科普场馆　　科技馆是最受中小学生喜爱的科普场所，无论是平时的科学课，还是节假日出游，科技馆都是孩子们的最爱。专业讲解员、志愿讲解员的讲解是小参观者们最喜欢的环节。孩子们的各种提问，对讲解员来说都是检验与考验，能否对答如流，考的可是基本功与科学文化素质。

科普基地　　国家与地方建立了一批各类科普基地，在科普基地兴建了一批科普馆，配置了很多科普展品与互动科普器材。许多科研机构和大学的实验室、标本馆增加科普功能并向公众开放，众多科技人员兼职从事着科普讲解任务。他们的讲解内容往往是最新科技成就和动态。

中小学校　　城市的中小学校虽然配备了科学老师，但是数量少，专业窄，难以满足学生对知识的渴求。农村和中西部地区中小学的科学老师十分紧缺，许多科学课是体育老师在上（不是贬低体育老师，是赞扬体育老师的兼职行为）。迫切需要具备专业知识的人员去中小学校讲解专业科技知识，弥补中小学校科学老师不足的困境。

　　社区农村　街道社区、乡镇农村是人们生活休息的主要场所，街道社区、农村配置了不少科技活动室、创新屋、科普实验室，节假日通常会举办各种教育科学文化卫生体育活动，讲解人员可以到这里围绕着居民生活需求，讲述科学常识、卫生健康知识，传授实用生活技能，进行科普讲解。

　　比赛现场　讲解人员讲解水平如何，参加竞赛比拼一下是最好的检验方式。也许你平时对自己的讲解水平感觉良好，到高手如林的竞赛现场，没准就不那么确定了。竞赛的最大好处是促进了选手的交流，知道了彼此的差距，提供了互相学习的机会。这正是"学然后知不足，教然后知困"。

（二）科普讲解内涵

　　随着信息技术不断突破，特别是多媒体技术的广泛应用，图片、音乐、视频开始被运用在讲解中，展示了其独特的功能和作用。科学可视化（scientific visualization）

是计算机图形学中的一个跨学科研究领域，广泛应用于科学研究领域，同时也在科学教育和科学普及领域有着较多的应用[1]。科普讲解与旅游讲解、文化讲解等既有相同点，又有较大的差异。科普讲解需要综合运用科技知识，形体语言，现场演示，并配以图片、视频、音乐、仪器等道具才能完成，是科技知识通俗化普及的有效活动。

科普讲解集科学知识、语言、技巧为一体，具有直观、形象、通俗、简洁等鲜明特点，雅俗共赏、老少皆宜，是深受群众欢迎喜爱、易于流行的一种新型科学传播形式。通过科普讲解可以不断创新科学传播形式，丰富科学传播内容，为广大科技人员和科普工作者搭建科普大平台。

1. 博物馆讲解

展品讲解　参观博物馆，特别是科技类博物馆的人们，看到那些精妙绝伦、保存完好的文物和展品时，最想知道的是展品的年代、出处及传说故事，看展品说明是远远不够的，借助讲解员的专业讲述及绘声绘色的解释，会使参观变得非常有收获和价值。而最新科技成果、装置及产品，

1　王国燕, 汤书昆. 传播学视角下的科学可视化研究 [J]. 科普研究, 2013, 8(06): 20-26.

没有专业讲解者的讲述与解释，一般公众仅是走马看花。

术业有专攻，专业的事情就该专业人士做。如果条件允许，参观博物馆一定要请个讲解员进行讲解。

录音讲解　不少博物馆都提供电子讲解器，比请讲解员的费用低多了，同时可以根据个人兴趣选择收听电子讲解，十分方便易行。

现在许多知识百度上都能搜索出来，戴上耳机听搜索结果也是一个省时省力省钱的办法。学生可用此方法。

2. 科技馆讲解

科技馆的讲解，内容主要是科学技术知识。往往是从科学技术发展史的角度进行讲解。

科技分类讲解　一般科技馆讲解员会按照科学技术的分类，从数学、物理、化学、天文、地理、生物、信息、航天航空、人工智能等不同领域分科讲解。有的按照展区名称依次讲解。特点是全面、系统，使得参观者可以简要了解科学技术历史、重要的科学发现、技术发明，了解著名科学家、发明家的杰出贡献等。

互动体验讲解　科技馆通常会设置儿童天地、球幕影院或 3D、4D 影院等，主要面向儿童开放。目前，科技馆的讲解员一般是理工科或传播专业毕业的硕士研究生，他们掌握了科学传播的能力和技巧，能够与儿童进行互动，带领儿童体验展品、装置。在参与、互动中讲解，可以加深儿童对科学技术的认识、理解，培养对科学的好奇心。

动手实验辅导　一些物理、化学、生物知识，也可以通过做小实验的方式普及相关知识。许多科技馆设置了科技创新操作室，科普实验室等。这些动手实验项目最受中小学生喜爱，为他们进行科学观察、亲自动手实验提供了平台，学习知识成为有趣的体验。

目前参观者的知识水平和专业程度不断提高，常常会遇到参观者提出的专业问题讲解员无法回答的情况。一些大的科技馆遇到这种情况，会要求讲解员反馈这些问题给馆里相关部门，然后会搜寻更多信息、咨询相关专家，得到答案后会告知讲解员，以后再遇到这个问题，就可以对答如流了。有些用心的讲解员也开始自己学习、研究，拓展知识面争取有问必答，提升自身科学素质。

3. 科技展讲解

宣传展品　为了传播科学文化和推广新技术、新产品等，目前各种科技展览非常多，为公众提供了丰富的选择。展览的讲解者通常是由专业人士兼职承担的，因为展览是临时性的，不可能有专业的讲解人员，也没有必要配备专职讲解员。一般的讲解员也不熟悉非其展馆的展品、专业展品的相关知识。所以展出单位会请本单位的技术人员来承担讲解工作，宣传自己的展品，吸引参观者关注。

推广技术　专业人士的讲解就深入得多，是很好的知识传播普及方式，他们通常可以回答参观者的各种问题，对传播专业知识、销售相关技术、设备、产品及提供服务作用很大。在大中城市，经常会举办各种科技展览，参观这些科技展厅对参观者是很好的学习新知识、了解新技术、新产品的好机会。在参观展品的同时，听专业人士的讲解，是一个很好的充电机会。

推销产品　许多大企业、机关单位、大学、科研机构等会培养一些兼职讲解人员从事讲解工作，他们不仅专业素质过硬，而且具有良好的形象、气质与口才，特别是在汽车展销会、设备展销会上，你只要勤学好问，都会得到满意的回答。特别是你被当作潜在买家时更是如此了。

4. 巡回式讲解

对于贫困地区、边疆、少数民族地区及革命老区等，由于科普基础设施相对落后，缺少博物馆、科技馆等设施，巡回展览和流动展览成为有效的补充形式。送科技下乡、科普大篷车、流动科技馆、科学快车进基层开展巡回展览、讲解，成为深受欢迎的活动。对于中小学生、农民等参观者，讲解员的讲解非常必要。

科技下乡　多年来，中央宣传部、科技部、农业农村部、中国科协等组织多种形式的科技下乡活动，一批讲解员、兼职讲解员的讲解，在普及科学知识、传播科学思想、倡导科学方法，弘扬科学精神方面发挥了非常重要的作用。科技部、中国科协等部门每年牵头组织科技下乡、流动科技馆进基层等活动，组织科技人员、科普讲解人员讲解科技知识和科学实验方法，深受群众，特别是中小学生喜爱。

科技列车　科技部每年牵头，会同中央宣传部、国家民委、自然资源部、生态环境部、卫生健康委、国家林草局、中国气象局、中国地震局、国家粮食和物资储备局等十几个部门开展科技列车行活动，组织上百名科技人员、医生、科普工作者深入西部农村、少数民族地区，进村入户，深入田间地头进行科技服务，传授科学种田和饲养牲畜方法。这项活动还送科普进村入校，一批"科学传播使者"进行精彩科普讲解，展示科学技术的力量与奥秘，为当地群众、学生带来了莫大的快乐。

科普援藏　科技部、国家民委等部门每年组织"科普援藏"活动，倾斜支持藏区加快科普事业发展，缩小与内地的科普鸿沟。"科普援藏"在送科技物资、科普产品进藏区的同时，把科学知识普及作为重要内容送到藏民村寨。来自上海科技馆、广东科学中心、中国地质博物馆、北京天文馆、北京自然博物馆等专业讲解员的讲解，成为活动的亮点。科普讲解也在西藏自治区等藏区得到了普及，西藏自然科学博物馆的讲解员也成了科普讲解高手，开始在西藏自治区进行巡回科普讲解。科普讲解也成了"拉萨科学之夜"活动中颇受群众欢迎的节目。

（三）创新讲解方式

近年来，随着《中华人民共和国科学技术普及法》的颁布实施，还有国家科普规划特别是《全民科学素质行动计划纲要（2006—2010—2020 年）》《全民科学素质行动规划纲要（2021—2035 年）》《"十四五"国家科学技术普及发展规划》的相继颁布与实施，我国科普事业迎来了快速发展时期，在中央和地方各级党委、政府的重视与支持下，一批各具特色的科普场馆陆续建立，科普场馆建筑面积不断扩大，展品质量不断提升，服务水平显著提高，一些企业及个人也兴办了一些专业科普场馆。据统计，2021 年全国科普专、兼职人员数量为 182.75 万人。中级职称及以上或大学本科及以上学历的科普人员共计 111.55 万人，占当年科普人员总数的 61.04%。专职科普创作（研发）人员达到 2.24 万人。专职科普讲解（辅导）人员 4.92 万人；兼职科普讲解（辅导）人员 31.03 万人。2021 年全国科技馆和科学技术类博物馆数量为 1677 个，展厅面积增长 13.03%。其中，科技馆 661 个，科学技术类博物馆 1016 个。2021 年科技馆和科学技术类博物馆采取了更加灵活、有序且规范的管理与接待措施，因此参观人数明显回升，全年参观人次达到 1.63 亿，比 2020 年增加 42.42%。全国城市社区科普（技）专用活动室 4.78 万个；农村科普（技）活动场地 19.45 万个；科普宣传专用车 1160 辆；流动科技馆站 1476 个；科普宣传专栏 22.05 万个。北京、上海、天津、重庆、广州、成都等大城市科普场馆数量激增。这些场馆的建立和开放，对普及科学技术知识，提高公众科技意识和科学素养发挥了重要作用。

我国政府、科研机构和大学、社会团体、企业组织近年来开展了内容丰富、形式多样的科普活动，科研设施面向社会开放，持续承担重要科普职能。各地政府部门、企事业单位、学校、医院、街道、社区等广泛开展防疫科普宣传，发挥科学技术在防治疫情中的支撑作用。

科普讲解是科学传播方式的一种创新，具有很强的传播力和生命力，与其他科普形式相比，具有独特的优势和特点。

1. 简单实用

简便易懂 科普讲解由于形式多样，简单、实用、易于学习掌握，从而对公众具有很大的吸引力。通常讲解时间要求是 4 分钟之内，只需要制作 PPT 就可以讲解。相对于讲课、讲座或表演等就轻松多了，这可能也是其能流行的原因之一。实际上，只要你认真观摩讲解者的讲解，模仿一下并不难。

一学就会 门槛低，要求不高，初次讲解可以自己试讲，用手机录下视频，自己回看，找出自己的不足和与别人的差距。苏格拉底讲"认识你自己"。一般人是很难发现或承认自己的问题和不足的，这时找同事、朋友、亲人挑错可能会有效得多。学会不耻下问，会使你获得许多真知灼见。一定要记住，勇于指出你的不足和问题的人才是真正在帮你。"忠言逆耳利于行"，一味地称赞和表扬你，虽然可以让你当时开心和舒畅，但是在赛场上可能并不会对你有帮助。

成本较低 举办科普活动，最缺的是经费。开展科普讲解活动，对经费的要求较低。但是科普讲解又很受大家喜欢，这可能也是科普讲解流行的内在原因之一。科普讲解大概就是在缺少经费这一制约条件下的一项创新。其活动效果好，倒逼地方、部门列支了科普讲解活动的经费。

2. 通俗易懂

讲解的内容既不要太难，也不能过于冷门。因为观众是普通大众，他们是很实际和实用的，只希望了解或知道一些新知识、新技术、新产品、新服务即可。

简单易学　所以讲解者一定要根据观众的需求与爱好去讲解，内容务求简单，语言要通俗，让观众一听就懂，再辅之以图片或微视频，在几分钟的时间里了解、学习一点新知识，何乐而不为呢。

深入浅出　对于学历高的年轻讲解者，更要注意内容与语言的通俗性。讲解不是靠讲解内容的知识难度深度取胜，而是靠讲解的通俗性及讲解中展现的魅力取胜，欧阳自远院士常常讲"科普靠大家"。我理解这有两方面含义，一是科普要靠大科学家，二是科普要靠大家（每一个人）参与。实际上用复杂方式讲解专业科学知识容易，用简单的方式讲解专业科学知识反而难。大道至简，寓意在此。

通俗解读　复杂的知识只有用通俗的方式传递给大

众，才会被广泛接受和推广。再高深的科技，也需要惠及大众。能否将科研项目的内容、作用与价值广而告之，为公众所理解，这对科学家、技术发明者是一个最好的试金石。

3. 雅俗共赏

科普讲解可以适合各类人群，既可以是教授、研究员等科学家，工程师等工程技术人员，也可以是普通职员、学生、社区居民、农民等，可谓是雅俗共赏。能够进行科普讲解的内容太多了，究竟选择哪些内容进行讲解，不同的人有各自的想法和做法。

弘扬科学精神　科学精神的内涵是：求真、独立和质疑、合作。所谓科学精神就是通过言行使求真和质疑的思维为大众所接受，从而滋养大众的思想，激励大众的行为；让科技工作成为大家尊崇向往的职业，鼓励更多人投身到科学事业；希望努力实现前瞻性基础研究，做出引领性的原创成果和重大突破，为人类文明做出应有的贡献。根据自己的知识水平和专业，做出合适的选择是关键。从你的优势和爱好出发进行选择，展示你的专业水平与知识程度。

传授技术方法　技术方法是人们在技术实践过程中所利用的各种方法、程序、规则、技巧的总称。包括生活方法、工作方法、生产方法等诸多方法。从事专业技术工作的人，可以从自己擅长的领域选择具体内容。

贴近百姓生活　科学技术与公众生活关系密切，能为公众生活带来便利和恩惠，才会为公众所喜爱。讲解要结合公众生活实际，尽量接地气，不要过于阳春白雪。从事非科技工作的人，则可以讲讲自己的职业、自己喜欢的新科技知识，或者喜欢的科学家、发明家的故事，或者某一个发现或发明的故事与趣闻等。

4. 形式多样

标准讲解　讲解的形式是丰富的，内容是多样的。有的人喜欢讲解自己工作中经常讲解的展陈知识，某一个展品、某一个标本、化石；有的人讲解喜欢讲述自己工作中的科学知识，技术方法、科学仪器；有的人喜欢讲述自己喜欢的天文、地理专业知识；有的人喜欢讲解某一种植物或动物。从事教学工作的人，可以选择自己最擅长的教学内容讲解。从事基础科学研究的人，可以讲讲疫苗、伯努利原理、相对论。当然也可以讲讲达尔文、牛顿、爱因斯坦、法拉第、爱迪生、钱学森、袁隆平等科学家与发明家的故事。在植物园从事植物研究工作的人，可以讲某种植物，例如牡丹、松树、银杏、樱花、木棉花，等等。在动物园从事动物研究工作的人，可以讲讲老虎、熊猫、企鹅、北极熊、黑猩猩、大象等。

互动讲解　有的科普讲解者喜欢用道具进行辅助讲解，通过娴熟的技能征服观众。有的会向公众提问，有的与观众进行互动交流。有的则会借助工具进行互动体验，展示自己理工科的强项，展示科学的奇妙与精彩，赢得观众的喝彩。

实验辅助　科技人员的长项是做科学实验，短项是不太善言谈。通过边做实验边讲解的方式，可以缓解科技人员的压力，展现自身科技实力，也为讲解注入了新鲜活力，扬长避短，满足了观众多样化需求。借助小实验辅助讲解，效果很好。

5. 老少皆宜

直观生动　讲解的内容简单，形式多样，对孩子和老人都有很强的吸引力和感召力。特别是借助精美的图片、漫画，直观、生动，很有说服力。道具的使用，实验的演示，对孩子最有感染力，能让孩子一下爱上科学。插播的微视频，会让观众一睹科学的神奇与技术的精妙。

激发兴趣　大部分科技馆都设有科学实验室，一些学校也建有小实验室，动手进行实践会激发孩子的科学兴趣。大家对北京化工大学的英国籍教授戴伟应该不陌生吧，我请他到全国科技活动周主场为党和国家领导人进行科学实验表演，得到高度赞扬。我请他到广州、扬州、怀化、井冈山等地做科学实验表演，他的化学科普借助实验演示吸引学生参与，征服了无数中小学生，使孩子们爱上了化学。

健脑健身　无论你从事什么工作，无论你是领导还是普通员工，艺多不压身，在讲解舞台上都有你可以一展身手的机会，都可以通过讲解来传播科学知识、技术方法、生活技巧等等。讲解为你提供了展示的平台，社会交往的场所，学习及传播各类知识的机会。例如，科学饮茶、合理膳食、种花养鱼、运动健身，等等，既健脑又健身，何乐而不为？

（四）科普讲解作用

科普讲解是一种简便易行、通俗易懂、收效甚佳的科学传播方式。科普讲解活动一经推出，就得到了社会各界的广泛欢迎和参与，参与者和观众均被"科普"，它的主要作用有以下几个方面。

1. 传播科技知识

基本科技常识　科学能够令人信服地解释世界和世界万物的起源。实用科学起源于日常生活的需要。公元前 2500 年，古巴比伦人在以物易物的交换活动中认识到了统一度量衡单位的重要性，于是，通过国王的敕令，巴比伦全国统一了长度、重量和容量的标准。最早的实用科学产生了。科普讲解要求讲解者具备丰富的科学技术知识储备，具有传播和普及科学技术知识的能力。刘嘉麒院士讲："科学性是科普作品的灵魂"。科学性也是科普讲解的根本和灵魂。科普讲解能够吸引观众、撰写通俗易懂的讲解词是基本前提，同时掌握科学传播技巧，可以使科普讲解变得生动有趣。对于公众来讲，需要学习的科技知识很多，听科普讲解便是一种轻松便捷的方式。

例如，其实人类很早就知道使用火，最早学会用火的古人类是生活于 50 万年前的北京猿人。火的使用和保存，使得早期的原始人类从茹毛饮血过渡到吃熟食，逐渐进入了文明的历史。火带来的温暖和光明，使人也开始思考和创造，孕育和开启了人类文明的进程。在人类开始使用刀具的时候意义更为重大，我们现在仍可发现人类最初有意识地用火石敲石取火的痕迹。难怪有科学家认为，人工取火是人类最早和最惊人的化学发现。

必备专业技能　科学传播工作者作为沟通观众与科学之间的桥梁，其素质和能力的高低，直接影响科学知识的传播质量。科普讲解为从事科学传播人员搭建了一

个传播科学知识，展现自身科学素质和风采的舞台，又使公众可以领略科技之美，技术之力。不少人学习能力和讲述能力很强，动手能力却很弱。讲解者可以将技术方法作为讲解的内容进行传授，借助演示与实验，增强讲解的实用性。例如，心肺复苏，这应该是成年人都应该掌握的基本技能。讲解者借助人物模型进行示范讲解，可以有效提高讲解效果。中国科学技术大学校长包信和院士就要求每一个中国科学技术大学的学生毕业前要掌握心肺复苏方法，这是卓有远见与价值的一个规定。在我国应急科普中，应该增加涉及生命安危的强制性科普知识，纳入学校教育与各类培训中，其意义远胜于听一般的讲座与报告，特别是那些按照 PPT 照本宣科式的讲座与报告。

2. 激发科学兴趣

献身科学精神　科学技术的不断发展和进步，主要是依靠一批献身科学事业的科技人员的无私奉献实现的，他们长期从事科技事业，不断探索，不断发现，不断发明，一大批科技成果转化应用，支撑我国经济建设、社会发展，巩固我国的国防，提高人民的生活水平和质量。他们身上那种创新精神、探索精神，奉献精神值得我们学习、敬仰，传承光大。

励志科学事迹　科学家的成果源于长期观察、研究、实验，往往是几十年、一生，乃至几代人的探索和研究，其中有无数感人的故事、非凡的经历，是科普讲解的重要资源宝库。科学家的事迹对激发公众，特别是青少年科学兴趣作用不可小觑。

3. 提高科技意识

尊重科学　科普讲解关键要讲述科学发现的伟大作用，技术发明的重大价值，让公众了解科学技术，尊重科学技术，尊重从事科学技术研究人员，学会按照科学规律思考、办事，依靠科学解决生活和工作中的问题和困难。这需要一个长期的过程，但是，舍此别无他途。通过科普讲解，让公众提高科技意识，支持科技创新，才会使科技发展成果更多更广泛地惠及自身和社会，享用科学技术的红利和恩惠。

尊重规律　世界万物有其运行规律，科学技术有其自身发展规律。尊重自然规律，尊重科学技术特点，支持科技工作，尊重科技人员、尊重科学家的意见建议，树立科学态度，依靠科学解决实际问题，我们的社会才能不断进步发展。对于工作、生活中遇到的问题和困难，同样也要从实际出发，深入调研，集思广益，寻求破解之策，依靠科学战胜愚昧。我国经济建设、社会发展、国防事业，正是因为采取了实事求是的方针，坚持自力更生、自主创新、自立自强，合作共赢，才能让我国成为世界科技大国，进一步开启建设世界科技强国的新征程。

4. 弘扬科学精神

热爱科学 激发公众特别是青少年对科学的兴趣，尊重劳动、尊重知识、尊重人才、尊重创造，在全社会形成热爱科学、崇尚科学的社会氛围，切实为新时代社会主义物质文明和精神文明建设注入新活力与新力量。科普讲解在用群众喜闻乐见的方式弘扬科学精神。

实事求是 科学精神就是求真。科学精神就是通过一言一行将科学精神辐射至大众观念，滋养大众的思想，内化大众的行为；让科技工作成为富有吸引力的工作，成为大家尊崇向往的职业，鼓励更多人投身到科学事业当中来。爱因斯坦认为，真正提出一个科学问题才是关键，而不是解决一个科学问题，因为问题的提出，包括对一个老的科学问题的重新描述，而这一崭新的描述是真正对世界的贡献。

合作创新 最重要的科学精神就是批判性的思维，也就是质疑。科学精神也包括独立和合作。所谓独立是指任何一个重要的科学发现，往往来自少数人，甚至一个人。他们在重大科学发现的过程中经常会经受一些磨难，遇到一些不同意见，他们必须坚持自己的观点才可以最后成功，所以我们需要独立地思考。科学精神也是合作的精神。科学的发展，涉及的学科、领域越来越复杂，更需要大家在一起合作。

施一公院士经常提到的 X 射线的发现和发展历程就是很好的例证。1895 年，德国科学家伦琴先生发现了极强穿透力的 X 射线，为开创医疗影像技术铺平了道路，在 X 射线仅仅被发现后几个月时间内，它就被应用于医学影像，然而伦琴并没有揭示出 X 射线的本质。1912 年德国科学家劳厄发现了晶体中 X 射线的衍射现象，从而确定了 X 射线的本质是一种电磁波。从此，人们可以通过观察衍射花纹研究晶体的微观结构，但如何解析呢？这方面是由英国物理学家布拉格父子完成的，他们父子通力合作，根据 X 射线的波长和角度，于 1913 年提出了著名的布拉格方程。从那之后，人们通过衍射图像推算出了越来越多复杂分子的晶体结构，从简单矿物到石墨烯等高科技材料，从遗传因子 DNA 到 RNA 到蛋白质，甚至还包括病毒，这让人类可以窥探生命的奥秘。他们四人分别获得了 1901 年、1914 年和 1915 年的诺贝尔物理学奖。

应用科学　弘扬科学精神不能总讲道理，而是应该将科学精神转化为具体的科学探索故事和科学研究实践故事，力求求真务实精神的传承。通过具体事件、故事来弘扬科学精神，激励公众理解科学，尊重科学，支持科学。

抵制愚昧　科学最大的敌人是无知和愚昧，科普就是要使人们从无知变为有知，从迷信变为相信科学的力量。科学种田促进产量的增加，对农民是最有说服力的科普。现代医学治病救人对农牧民是最好的教育方式之一，也培养了他们对科学的尊重和信仰。我从 2016 年开始，年年去藏区开展科普援藏活动，当地官员告诉我，过去藏族妇女去寺庙生孩子，死亡率很高，让医生帮助藏族妇女接生，孩子顺利出生，母婴平安那一刻对藏民来说就是最好的科普。科普讲解其实是一种贴近百姓的通俗易懂直观、生动的传播科学形式，是在全社会培育尊重科学的土壤与氛围的活动，正所谓"润物细无声"。

（五）科普讲解竞赛

1. 掌握讲解能力

基本能力　科普讲解能力是科普人员基础能力的重要内容，为了提高科普讲解能力，加强科普传播人才队伍建设，提高公民科学文化素质，科技部 2014 年启动了全国科普讲解大赛。举办科普讲解大赛是深入贯彻习近平总书记关于科普的重要指示，加强科学普及的具体行动，是创新科学普及方式的新的尝试。通过竞赛和奖励的方式激励科普工作者加强讲解能力培养，提高科普讲解水平，为提升科普场馆服务能力奠定坚实基础。各地方、有关部门及澳门特别行政区积极参与，全国科普讲解大赛的举办犹如一石击水，在全国产生了良好的社会导向作用，具有极高知名度和影响力。

人人具备　不仅科普人员、科技人员要具备相当的科普讲解能力，每个公民也都应该具备基本的科普讲解能力。每年全国的科普讲解高手齐聚广州，在世界最大的科技馆——广东科学中心讲科学、秀科普，各路高手同台竞技、一决高低，为公众带来一场丰富的科学大餐、视听盛宴。比赛内容包括选手擅长的自主命题讲解、现场抽取的随机命题讲解、《中国公民科学素质基准》知识测试、评委问答四个环节，综合考核选手的科学讲解能力和综合素质。这是一台听觉、视觉、知觉的科学达人秀，是一场科普饕餮盛宴。

各美其美　科普讲解比赛现场，选手们个个讲解技艺高超、才华横溢，为观众打开了一扇扇科学技术知识新大门。选手在保持讲解规范要求的同时，要出奇制胜，勇于创新讲述内容与解释方式，增强个性化，展现科学的美妙与精彩，给观众留下深刻、难以忘怀的印象。

2. 生动诠释科学

从天文地理到生物气象，从疾病防治到生活百科，讲解者借助大赛舞台，巧用"装扮""音乐""多媒体"等手段，将严谨深奥的科学原理讲得通俗生动、妙趣横生。

热点科技　人脸识别、区块链技术、北斗卫星导航系统，人造太阳、散裂中子源、西南种子资源库、500米口径射电天文望远镜、上海光源等讲解主题，深入浅出地解读了热点科技，展示了国际前沿科研成果和重大科研进展。

趣说自然　"会动"的植物，奔跑的动物，天空飞鸟，海底生物，自然界的一切都是讲解的题材，都是可以出彩的内容。你应该亲近自然，观察自然，找到让你最感兴趣的化石、标本、动物、植物、微生物、文物还有自然景观等进行观察思考，撰写一篇优秀的讲解词。

神奇科学　天空中最准的表、最古老的眼睛、会打太极的建筑、不一样的糖葫芦……这些趣味讲解带领公众了解了科学的神奇与价值。在限时4分钟的讲解时间里，选手们使出了浑身解数，为观众叩开科学技术之门。

3. 提高讲解水平

比赛是一个展示讲解水平的机会，也是交流、学习的好平台，不同部门、地方的讲解侧重点不同，内容或方式各有千秋。全国科普讲解大赛的参赛选手里，不仅有经验丰富的讲解员、大学生、博士、博士后、研究员、教授，还有许多跨领域的科普传播者，包括广播电视台的主持人、媒体记者、医院的医生护士、解放军、武警官兵、公安民警，气象局、地震局等部门和科研机构的研究人员、空乘人员、银行的职员，以及各类科技企业员工和社会志愿者等。澳门代表队一直派出选手参加比赛。

专业优势　不同部门的参赛选手，带有很强的部门特色，通常是与部门的优势紧密联系。自然资源部的选手通常讲地质、矿产、海洋等科学知识；生态环境部选手会侧重生态多样性话题；交通运输部的选手则讲各种交通工具与运输方式知识；国防科工局的选手讲得最多的是中国航天；国家林草局的选手常讲解野生动物、植物、奇花异草、国家公园等；气象局的选手讲气候变化；中国科学院的选手讲基础科学知识与原理较多；解放军选手的讲解内容包罗万象，从科技前沿到最新兵器；澳门代表队与众不同，更多会侧重科学基础知识。

地方特色　不同地方有各自的科技优势，研发重点领域，知名科研机构和大学、历史文化遗址与博物馆等，通常会带有其地域文化特点，这样讲解得心应手，借机可以进行一次自身科普宣传。各村有各村的高招，各地有各地的高手，各人有各自的特点。

学习借鉴　通过观摩其他选手的讲解，可以学习别人的长处、特点、技巧。认真观看其他参赛选手的讲解，是很好的学习机会。参加比赛可以找到自己的不足，通过相互交流、切磋，会使自己水平得到提升。每个人都要经历从不会到会，从低水平到高水平的过程，勇于实践、重在参与，慢慢地，你会从中悟出其中的奥秘与技巧。

4. 培养科普人才

如何在 4 分钟内把一个科学知识讲得通俗易懂，引人入胜，考验的是选手的科学文化底蕴。为了把科学讲得生动、有趣和好玩，选手们巧用实验、表演、脱口秀等各种形式，辅之以动画视频、音乐和 PPT 等多媒体手段生动诠释深奥的科学技术，让公众领略科技创新的精彩和科技给人民生活带来的深刻变化。

专业培训　许多地方、部门，对参赛选手进行专门培训，从讲解词的撰写、PPT 制作，到讲解要领、着装、举手投足、化妆等等予以具体指导，一一纠正选手存在的问题与不足，大大提升了他们的讲解能力与水平。

全国科普讲解大赛每年以全国科技活动周的主题为大赛主题。2020年，参赛代表队和选手数量创历史新高。来自国家部委、军队、地方和澳门特别行政区的73个代表队234位科普达人齐聚羊城，讲述科技知识，解释科学现象，呈现了一场精彩绝伦、妙趣横生、科学与艺术融合的科普盛宴。参加决赛的选手是各省、自治区、直辖市、计划单列市、副省级城市的45支代表队和澳门特别行政区代表队中的获胜者，还有27个中央、国务院部门和军队代表队的预赛佼佼者，他们不仅比拼个人擅长的科学内容，还要接受临场随机应变能力的考验，科学文化素质综合测试等，需要层层选拔才能脱颖而出。大赛竞争激烈，呈现的不仅是一场智慧与口才的角逐，也是一场全民共享的科普盛宴。

在2020年全国科普讲解大赛决赛赛场上，越来越多的青年科研人员走到了科普的前线。如中科院等离子体物理研究所的王腾博士携"人造小太阳"走上半决赛舞台，他以"人造太阳——逐梦未来终极能源"为题，讲述了人类开发新能源的历程，介绍了"人造太阳-核聚变能"广阔的应用前景。澳门代表队选手吴年继带了一张特制的"床单"走上总决赛舞台，他将平展开的床单当成宇宙，一一解析地球自转、公转等天文奥秘。重庆代表队的吴晗在总决赛中讲解一种出现在青铜等金属器物的古老精密铸造方法——失蜡法，告诉了观众博物馆里的中国制造有多厉害，中国人将其应用在飞机涡轮叶片制造上，使得中国成为世界上少有的几个拥有自主研制发动机技术的国家。

中国科学院院士褚君浩、陈新滋、沈学础、刘嘉麒，中国工程院院士刘人怀、江欢成，国际宇航科学院院士何质彬，上海科技馆馆长王小明，中科院物理所曹则贤，中央电视台著名主持人王雪纯，中国人民革命军事博物馆游云大校，澳门科学馆馆长邵汉彬，中国科技交流中心赵新力等知名专家担任评委，保证了竞赛活动的高水平和公平、公正、公开。大赛的前 10 名选手被授予"全国十佳科普使者"称号。每组前 25 名被评为"全国优秀科普讲解人员"，部分优秀选手被邀请参加全国科普巡展活动，随"科技列车行""流动科技馆进基层""科普援藏"等活动的进行巡回讲解。由于疫情的原因，2021 年、2022 年全国科普讲解大赛半决赛和总决赛采取了线上方式进行。

选拔人才　全国科普讲解大赛以及各地各部门预赛

的举办，选拔、培养了一批优秀科普讲解人才，历届参赛获奖的选手成了所在单位科普讲解领军人才，有的成了讲解培训导师，有的走上了领导岗位，有的被上调到上级机关，有的被高薪、高职聘走，在更大的舞台上施展才能。一批年轻、优秀的选手被锻炼、培养，开始活跃在重要讲解场合，成为出色的讲解人才，发挥着非同一般的作用。正是"长江后浪推前浪，一代更比一代强"。

（六）科普讲解特点

当你走进一座博物馆、科技馆的时候，是否有过这样的感受，刚开始你会观赏每一件展品的每一个细节，然后渐渐地提高观赏速度，到最后走马观花。这被博物馆学者称为"博物馆疲劳"。科普讲解包括讲述和解释两个环节，讲述要精准，解释要到位，讲述为主，解释为辅，讲解要在观众和展品、虚拟展陈品（屏幕）中自然切换，形成动感。观众的行为固然与博物馆布展陈列本身有密切关系，但除此之外，改变"博物馆疲劳"从而能够捕获和吸引观众注意力，促进观众积极参与的是讲解人员。

那些从事科普讲解工作的专职或兼职讲解员、科研人员及在读研究生，纷纷用深入浅出的方法，诠释那些看上去严肃高深的科学主题，这对提升科学传播效果非常重要。

随着各具特色的科普场馆的陆续建立，更好地发挥它们的职能重心——科学教育势在必行，这对科普讲解的探索和发展既是一种要求也是一种契机。目前科普场馆的科普讲解面临的最大挑战，还是在于如何以一种轻松快乐的方式刺激人们的思想、激发人们的兴趣。

上海市 2012 年就开始注意到这一点，培训科普场馆一线讲解员，把每一次的科学诠释都赋予全新的创新过程。讲解员提供的视角越多，对科学的诠释才能越接近于真实。对一个科学问题的了解有多全面、认识有多深，取决于平时的积累。当讲解员自身对科学的理解和认识越来越深入时，他们的阐释才可能更丰富精彩。

格拉汉姆·布莱克认为人们对 21 世纪博物馆的要求与过去有了显著的不同，博物馆的关键是放弃过去以展品为导向的做法，而改为以观众为中心。他认为好的解说可以运用各种可能用到的感官直觉，比如视觉、听觉、嗅觉、味觉、触觉等，但是，感官途径应该作为常规语言和词汇理解方法的补充，而不是替代者。"有时候，这些炫酷的技术过分突出了娱乐性，主要满足的还是观众的猎奇心理，反过来消减了他们对技术背后真正所要揭示的主体科学内容理解的深度，使学习变得肤浅。"[1]这也是科技馆要"限制"使用技术来代替讲解员讲解的原因。解说的本质是以观众为中心的沟通、交流过程，因此，除了传达新技术本身的魅力，它们是作为辅助支撑的手段，为讲解员提供可选择的适当的学习情境，从而激发观众的兴趣。

科普讲解内容不同于其他的讲解，它以解释科技知识为主，或者讲述解释人文社科知识背后的科技要素，要求讲解内容具备以下特点：

1. 科学性

科学性是指概念、原理、定义和论证等内容的叙述是否清楚、确切，历史事实、任务以及图表、数据、公式、符号、单位、专业术语和参考文献写得是否准确，或者前后是否一致等。科学性是指内容的选择要以科学思想为指导，以事实为依据，使所选内容具有理论基础、实践基础。巴甫洛夫曾说过，事实是"科学家的空气"，没有事实的理论是虚构的。科学就是要研究事实，研究客观实际存在的现象。科研工作者应该具有理论基础。所选课题不能和已经经过实践检验的科学原理相违背，保证其科学性。

1 格拉汉姆·布莱克.如何管理一家博物馆：博物馆吸引人的秘密 [M].徐光，谢卉，译.北京：中国轻工业出版社，2011.

　　科普传播从某种意义上来说与科学研究的核心是一致的，都以问题为导向。在讲解的过程中，所有内容应始终围绕问题的提出，讲解所传达的知识、事实、科学的思维和方法。不同背景的讲解者会对讲解内容寻找不同的切入点。科研工作者擅长从科学原理本身出发，没有科研背景的讲解者会根据观众的需求出发。

　　科学内容　科普讲解内容首先要具备弘扬科学精神、普及科学技术知识的内涵。科普讲解的主要任务是使观众获取新的科学技术知识。爱因斯坦说："如果通过逻辑语言来描述我们对事物的观察和体验，这就是科学。"科普讲解可以使观众轻松地获取新知识。所以其必须具有科学性的实用特点，科学性贯穿在讲解中，使观众间接地学习新知识。科学性应该包括对非科学性知识的批驳，这种批驳才有助于科学性的传播。"在某种程度上，科学是在传播过程中通过'他者'，即它的对立面来解释自身，以及断言自身的权威、声望和发展趋向的。"[1]

　　科技要素　没有科学性的讲解内容不能视为科普讲解，历史故事、奇闻轶事也不属于科普讲解的范畴。讲解内容一定要

1　孙红霞, 任福君, 任嵘嵘. 科学传播及其"他者"：一个可资借鉴的分析框架 [J]. 科普研究, 2013, 8(06):5-11.

是科学知识、技术发明。科学是建立在可检验的解释和对客观事物的形式、组织等进行预测的有序知识系统之上的，是已系统化和公式化了的知识。根据这些（科学）系统知识所要反映对象的领域，主要可分为自然科学、社会科学、思维科学、形式科学和交叉科学。其对象是客观现象，内容是形式化的科学理论，形式是语言，包括自然语言与数学语言。科学的最早的起源可以追溯到古埃及和两河流域（公元前 3500 年左右到公元前 3000 年）。这些地方的人们贡献了数学，天文学和医学的开创性知识和理论，使古希腊得以进入古典时代的自然哲学领域，从而正式尝试在物质世界的基础上解释事件的自然原因。因为罗马帝国的灭亡，所以在中世纪的早期（公元 400 年至 1000 年）古希腊知识在西欧荡然无存，但这些文化在被保存在伊斯兰世界中。从 10 世纪到 13 世纪，古希腊作品的复兴和西欧对伊斯兰的自然哲学的研究恢复了"自然哲学"，16 世纪开始的科学革命转变了科学研究的方式。直到 19 世纪，许多的机构和专业的科学功能初见端倪，在这个时代"自然哲学"也向"自然科学"转变。

专业解读　不同人群对科普讲解的标准和期待是不同的。对于院士、科学家、教授等高层次科技人才，他们对科普讲解的要求高，更看重原创性、科学性、艺术性，喜欢内容严谨的讲解。所以讲解一定要尊重历史，进行严肃和客观的讲解，不要过度艺术加工或过度使用形容词。对科学家的评价要公正、公平，对他们存在的问题与不足不要脱离当时的历史条件和认知水平，过分厚今薄古是不可取的。对科学知识，要侧重原理的讲解。对技术发明，要侧重使用价值的讲解。对科学仪器要侧重其前世今生的讲解。对科学人物要侧重其伟大发现与伟大发明及过程的讲解。对一般观众，则要由表及里，从现象到本质，循循善诱，引导观众学会用科学方法观察自然现象，树立科学的世界观。

独特风格　讲解稿的写作要尽量用自己喜欢或熟悉的语言风格，不要人云亦云，更不要东施效颦。要力争形成自己的特色或风格，与众不同。讲解稿保持内容简练、合乎逻辑、文字优美，给观众特别的感觉和感悟，引起观众共鸣，进而征服观众。对科普场馆而言，应配备不同背景的讲解人才资源，让彼此之间能相互配合，互为补充。但现实中，能吸引真正有学术研究背景的优秀人才加盟科普讲解队伍还有很多障碍，因此对讲解者的待遇要提高，要给其个人发展的希望和空间。要让他们知道，除了科学研究本身，把科学知识传达给社会，给观众一些实际的帮助是被鼓励和有价值的。

2. 原创性

讲解内容的核心观点、主要情节内容都应由讲解者自己独立思考而产生，应具有创造性。只要是你独立亲自做的，不论好坏都是原创。原创的科普讲解内容才真正具有价值。科学家、科研人员也应该亲自撰写科普讲解稿件，结合自己从事的科研领域，对取得的科技创新成果进行通俗化解释，撰写优秀的科普讲解佳作。

收集资料　首先要收集讲解题目涉及的相关资料，进行学习、消化、吸收。要给别人一杯水，自己要有一桶水。撰写讲稿之前，应去图书馆查阅相关资料，借阅你认为有用和有价值的书籍，充分占有资料，从中汲取相关的重要信息。也可以去书店翻阅相关书籍，挑出买一本你最喜欢的书精读，寻找你需要的主要内容和重点知识，并且要进行必要的内容核实。还可以上网搜索相关信息，整理有用的信息，观看相关内容的讲解视频，学习、消化、比较、整理，为撰写讲解词备好备足"养料"。研读相同内容的优秀讲解稿也不失为好办法，博采众长，为我所用。

去粗取精　科普讲解应该要突出重点，舍弃非重点及次要的内容。要有所为有所不为，避免陷入细枝末节的纠结，不要陷入那些鸡毛蒜皮的杂事。目前的书籍、文章、资料太丰富了，如何选择有价值的资料是个难题，可以从权威科学网站上获取，或者阅读科学家的原著或文章，也可以阅读权威出版社出版的畅销书籍。

去伪存真　目前，网上资料浩如烟海，汗牛充栋，鱼目混珠，所以，不要对网络上搜索来的资料都信，千万不要太"天真"，一定要反复核实内容，查阅教材、权威著作，仔细甄别。最好把从百度等搜索引擎上的信息，与教科书或权威著作、专业网站或政府主管部门网站的内容进行对比，订正、补充，避免以讹传讹。还应该及时请教讲解专家，对你撰写的讲解词予以指导、增加关键知识，精准数据，除去不准确的内容，逐字逐句地修改、润色，使讲解稿质量更高。

3. 艺术性

科学知识只有通过优美语言的描述才能引人入胜，增强观众欣赏兴趣。讲解者得为讲解内容增加养料，运用科学的原理进行梳理，用艺术方法进行加工，将专业概念、术语进行解析，降低观众理解的难度，增加内容的趣味性，力求让普通人能听懂，还要风趣、幽默。19世纪法国著名文学家福楼拜曾说："越往前走，艺术越要科学化，同时科学越要艺术化。"

　　艺术加工　要用易于公众理解、接受的方式写作，那些充满了专业术语、公式、符号，如科技论文般的作品，不能算是科普讲解。艺术加工是常用方法，为了使讲解内容更加鲜明，可以对讲解内容做适当的夸大，特写，使内容更加突出，使内容更易为观众理解。要尝试用词的准确，语句的流畅，修辞的精致，使讲解词成为一篇美文，让听讲解成为一种享受。适当引用名言、诗词，也会增加讲解词的艺术含量。

　　聚焦内容　专一性也可理解为简短性、简洁性、聚焦性。小题目内容应该深入、具体，避免泛泛而谈，最好能把主要内容、重要知识普及到位。要想使科普讲解对不同人群都具有吸引力是个难题。不同知识背景的人要求差异较大，科普讲解的表现形式可以多种多样，切忌千篇一律。因此，创作的科普讲解稿最好细分观众群，准备不同的版本，根据讲解对象的不同，逐级提高知识含量和科技内涵，才能收到最好的效果。欧阳自远院士谈到，他的讲座，同样的内容有不同难度的版本，他会根据听众细心选择合适的版本。大科学家尚且如此，你是不是应该更努力呢？

　　引人入胜　趣味性是科普讲解的魅力。那些味同嚼蜡的作品，不能算是优秀的科普讲解稿。优美的文笔、精彩的描述能增加作品的可欣赏性，引人入胜的情节和寓教于乐的创作方式则可大大提高观众的兴趣。我们常常看到科学性很足的讲解，往往艺术性不够，难以吸引观众。艺术性强的科普讲解，科学性又略显不足。促进两方面融合，相互影响是完善科普讲解内容的重要任务之一。

科普文章一定要短小精悍，科普作家要摆正自己的位置，科普不过是向大众普及科学家的研究成果，不要老想着撰写什么大科学文章或者一定要获奖的"重磅文章"。

4. 通俗性

通俗的意思是浅显易懂，易于被大众理解和接受，通俗性是科普讲解的基础。通俗性是指用简单易懂的方式，从最简单的、众所周知的材料出发，用简单易懂的语言、方法、例子等来说明讲解的科学知识，启发观众去思考更深一层的问题。通俗性是科普讲解的关键特征，大多数人听不懂的讲解不能算是好的科普讲解，起码是通俗化不够。科普讲解不能写成教材，通俗是科普讲解的最大特点，因为讲解只有通俗了，观众才容易听懂。

生活语言　长篇大论、高谈阔论不是科普讲解。科普讲解要多用生活语言，符合观众的理解习惯。把科学技术知识用生活化的语言表达绝非易事，事实上，往往是科学大家才具备这样的功底和能力。大众化的科普讲解，才会拥有广泛的观众。欧阳自远院士多次表示，科学家具有写出好的科普作品的潜力。"撰写科普讲解，要求作者能够将学术共同体惯用的表达方式转化为大众生活语言，使其与公众的思维习惯和文化常识接轨"。

通俗易懂　通俗性不等于低水平，不能变成"白开水"，讲解稿创作更不能"偷工减料"，要坚持高标准，保持科学性和知识性，同时兼具优美、生动的语言、流畅细致的描写，尽可能多讲述相关知识，提供更多细节，满足观众的需求，产生获得感、幸福感、喜悦感，通过精准地讲述，详尽解释，让观众理解和接受讲解内容。

因人而异　青年观众喜欢科普讲解的图示性、多样性，喜欢活泼、图文并茂、带有微视频（15秒以内）的作品。要根据观众的不同，采取不同的讲解方法，各有侧重。儿童观众更喜欢活泼有趣、配有卡通、图画、动漫的讲解。老年人喜欢看图、看视频，清楚明白，方便易学。普通观众都喜欢简单、简短的内容，尽量少占用他们的宝贵时间。

5. 趣味性

能给观众带来快乐的科普讲解才是好的讲解。能够听到观众笑声的讲解才是精彩的科普讲解。科学技术是能够给大家带来快乐的，科学是好玩的，技术是有趣的，因此科普讲解是绝对值得你去学习掌握，甚至从事的职业。

多用图片　由于观众获取知识习惯的改变，科普讲解中图片的比例在不断增加，文字的比例在减少。优秀的、深受观众欢迎的科普讲解往往是图文并茂的，精美的插图深深吸引了许多观众的眼球，正所谓"一图胜千言"。我国大多数科普讲解内容欠缺的往往是精美的、清晰度高的插图。为了便于观众理解，同时也为了更好地对科学知识和深奥的科学原理进行科普讲解，最好多用图片来表现。丽莎·F.史密斯等人认为，对于科学图片，科学家更注重其科学性，而公众更为关心图片的美学及产生的情绪反应。因此用漫画、卡通可以让讲解具有观赏性和趣味性。

故事情节　科普讲解的内容要活泼有趣，有精彩故事情节，给人带来愉悦感。科普讲解内容要尽量与观众的生活、工作、兴趣发生某种联系，采用拟人化的写法也是重要的手段。增加细节的讲述，讲述观众不知道的情节会吸引住观众。充满故事情节才能引人入胜。

画龙点睛　一场好的科普讲解活动应该是给观众带

来快乐和笑声的,"寓教于乐"是基本要素。好题目对唤起观众的注意和提高观众的欣赏兴趣十分关键。能否起个好题目实际上也是让许多作者十分头疼的问题。题目既要高度概括讲解的内容,又能起到画龙点睛的作用。

题目要有吸引性,让观众产生兴趣,要简单明了,朗朗上口,不宜过长,最好在 10 个字以内,便于人们记忆。题目的副题则可适当长些,以方便观众了解讲解的具体内容。过长的题目很难提起观众的兴趣,晦涩难懂的题目会吓跑许多观众。当然,哗众取宠、名实不符则更糟。大英博物馆就曾经利用 VR 技术让观众穿越到青铜时代,利用灯光和气氛体验青铜器时代的生活,并参与古人的各种仪式。全球顶尖的 AR 技术公司甚至力图将世界上一切现实环境与虚拟信息结合起来。依靠这些技术构建而成的科技馆展品、展览非常多。它的好处是,把以往人们难以观察到的宏观微观的科学现象以及最前沿的科技创新成果,用非常生动且吸引人的方式呈现出来,注重体验和互动。

然而,关于解说的原则中,有一条足以引起重视,那就是"现代科技能将世界以一种令人兴奋的方式呈现出来,但将科技和解说相结合时必须慎重和小心。"

中国已经是一个科技大国,但离科技强国还有一段距离。如同我国在科技创新方面与科技强国的差距一样，在科普或者说科学传播方面，我们与发达国家同样存在着不小的差距。我国尽管建立了一批现代科技馆、科技类博物馆，但是缺少一批优秀的讲解者、讲解专家。举办科普讲解竞赛，对吸引公众，特别是科技人员、教师、年轻人参与科普讲解发挥了重要的作用。科普要靠大家，不仅要靠大科学家，也要靠大家——每一个公众的积极参与，那样，才会为我国建设世界科技强国打好根基，夯实基础。

小结：本章主要介绍了讲解概念，它是以展陈为基础，用科学的语言及其他辅助方式，将知识传递给公众的活动。何谓科普讲解？科普讲解是以各种展陈为基础，用科学的语言和科学实验、演示等方法传播科学技术知识的活动，采取讲述和解释相结合的方式进行。科普讲解不是科普讲课，也不是科普演讲，三者有着不同的定位与差别，不要混为一谈。本章还对科普讲解的作用、创新讲解方式、科普讲解竞赛等内容进行了论述。科普讲解是科学传播方式的一种创新，具有明显的传播效果，深受不同人群和社会各界的喜爱，为科学传播注入了活力和新动力。

第三章

撰写讲解课件

要进行科普讲解，首先要确定讲解内容。通常来说，你应该讲解你最擅长的内容、最熟悉的内容、最喜欢的内容或其他人最想听的内容。这样才能写好讲解稿，题目非常重要，好题目才能引起评委及观众的兴趣和关注，题目要精准，言简意赅。讲解要聚焦主题、层次清晰、文笔优美，700 字左右。制作一个精美的多媒体文件，多用高清图片与微视频，配上适宜的音乐，增加美感。然后完成一次精彩的诠释科学、演示技术方法的科学传播活动。

讲解者要自己撰写讲解稿，讲什么内容，如何写讲解稿，怎样才能写好讲解稿，这是每个讲解者讲解之前需要认真思考的问题。心动不如行动，先按照你选定的题目，写篇科普小文章吧。

　　讲解稿要符合以下要求：主题立论一致，内容重点突出，密切联系生活，讲解思路清晰，语言表达流畅。这是科普讲解者之间的较量，给观众带来的则是一场科普的盛宴。

（一）确定讲解内容

　　要进行科普讲解，首先要确定讲解内容。通常来说，你应该讲解你最擅长的内容、最熟悉的内容、最喜欢的内容或其他人最想听的内容，这样才能写好讲解稿，制作好多媒体文件，完成一次精彩的诠释科学、演示技术方法的活动。当普通观众走进科普场馆时会发现自己参观如同"雾里看花"，如果有讲解员的讲解和引导，就能帮你探寻理解展品相关知识，提高理解、欣赏科学的能力。科普讲解者就如同一个"科学老师"。如何把科学知识准确生动地传输到观众的心里，让他们对科学产生立体、愉悦的认知，这对讲解者是一个考验。讲解大赛不过是把讲解地点从科普场馆搬到了科普讲解竞赛讲台上，讲解对象从个别参观者变成了诸多观众。

科技知识浩如烟海，到底应该讲什么呢？观众喜欢听什么呢？由于讲解是一种微科普，通常时间较短，4分钟左右，700字左右，所以一定要以讲具体知识、微小知识为宜，例如，植物、动物、文物、事件、人物等，一定要讲解单一知识，如某种花草树木、某种动物、某种生物、某个文物、某个事件、某个科学家或发明家等，也可以是某一项发现或发明，某一项新技术或新产品，切忌讲大题目、大内容、大知识、大道理。知己知彼，百战不殆，一般而言，可以从以下内容入手。

1. 科学发现

科学发现是一切科学活动的直接目标，重要事实或理论的发现是科学进步的主要标志。这两类发现又是互相联系、互相促进的。例如，19世纪末以来，电子、X射线、放射性元素一系列的发现促成了原子结构和原子核理论的建立，而后者又推动了各种基本粒子的发现，为量子物理学的诞生作好了准备。重大的科学发现，特别是重大理论的提出，往往构成某一学科甚至整个科学的革命。

科学理论的发现是创造思维的结果，它往往求助于直觉、想象力的作用，这就必然要涉及科学家的文化素养、心理结构甚至性格特征等复杂的个人因素等。科学史上有大量所谓"同时发现"的记载，说明任何发现归根结底是在一定社会文化背景中的社会实践和科学自身需要的产物，实际上事实的发现往往直接受到社会生产水平和仪器装置制造技术的制约。

科学常识　科学知识是最重要的讲解内容。面向公众的讲解，可以从最基本的科学原理入手，从人类的起源到重大科学原理的发现，从天文到地理，从动物到植物。

建议从《中国公民科学素质基准》中寻找内容，因为那些是公众需要了解、知道、熟悉的基础内容，也是公众感兴趣的内容，能够产生共鸣。建议从最重要的科学发现、科学定理、现象讲起。例如光合作用，匡廷云院士在科学咖啡馆活动中说，光合作用是最重要的化学反应，研究光合作用，就产生了十多个诺贝尔奖获得者，她当年从苏联毕业留学回国工作，给中学生讲的第一课就是光合作用，她至今仍历历在目，讲光合作用可以选取的内容十分丰富、俯拾皆是。再例如伯努利原理，借助示范演示讲解可以获得很好的效果。

重要定理　达尔文的进化论，牛顿三大定律，爱因斯坦的相对论，都可以成为很好的讲解内容。科学家们通过不懈努力几个世纪以来改变了我们的看法和生活方式。哪些是最重大的科学发现？美国探索频道曾经制作了一套 9 集的纪录片，展现了 8 个科学领域中最杰出的 100 个发现，再现了那些伟大科学成就诞生的故事。

我们都知道自己的血型，但是血型是如何被科学家发现的？哈雷彗星每 76 年回归地球一次，而科学家如何推测出这一点？恐龙化石何时第一次被发现？几个世纪以来，科学改变着我们的认知，推动着社会进步。

天文学　地心学说、日心学说、行星的轨道是椭圆形的、发现木星的卫星、预测哈雷彗星的轨道、银河是个巨大的盘状星系、广义相对论，等等。

生物学　微生物、细胞核、神经传导、荷尔蒙、光合作用、生物的多样性，等等。

物理学　自由落体定律、万有引力定律、热力学第二定律、电磁学、狭义相对论、质能互换定律、量子论、光的本质，等等。

地球科学　外核、内核、大陆漂移、海底扩张、板块学说、周期性冰河时期、全球变暖、放射性定年法，等等。

生命科学　恐龙因小行星撞击灭绝、发现恐龙化石、模拟生命诞生环境、物种的分类、物竞天择、非洲古猿，等等。

遗传学　遗传法则、基因存在于染色体、基因突变、DNA双螺旋、遗传密码，等等。

医学　人体解剖、血液循环、血型、麻醉剂、X射线、细菌理论、维生素、青霉素、牛痘、胰岛素、HIV，等等。

化学　氧气、原子理论、原子组成分子、合成尿素、化学结构、化学元素周期表、电子及特性，等等。

如果没有科学家们的努力，今天世界将会怎样？从遗传学的微观世界到广袤深远的太空，我们有必要了解那些伟大发现的由来以及它们如何促进科学的发展和影响着我们的生活。

2. 技术发明

人类社会的发展就是一部发明的历史，是发明改变人类生活与世界的历史。古今中外发明不胜枚举，可以讲解的内容丰富多样。究竟哪些发明最伟大，看法并不完全一致。

技术是解决问题的方法及方法原理，是指人们利用现有事物形成新事物，或是改变现有事物功能、性能的方法。技术应具备明确的使用范围和被其他人认知的形式和载体，如原材料（输入）、产成品（输出）、工艺、工具、设备、设施、标准规范、指标、计量方法等。技术与科学相比更强调实用，科学强调研究；技术与艺术相比，技术更强调功能，艺术强调表达。技术发明不同于科学发现，发明主要是创造出过去没有的事物，发现主要是揭示未知事物的存在及其属性。

技术发明是新颖的技术成果，不是单纯仿制已有的器物或重复前人已提出的方案和措施。一项技术成果如果在已有技术体系中能找到在原理、结构和功能上同一的东西，则不能称之为发明。技术发明不仅要提供前所未有的东西，而且要提供比以往技术更为先进的东西，即在原理、结构特别是功能效益上优于现有技术。发明总是既有继承又有创造，在一般情况下大都有先进性。但是，技术发明必须是有应用价值的创新，有明确的目的性，有新颖的和先进的实用性。发明者创造出新产品、新工艺前已在观念中按功能要求，预先构思所设计的对象，并在发明过程中不断地按优化的功能目标来完善其方案。

从你的认识出发，选择你认为最伟大的发明进行讲解。最好是你喜欢或熟悉其生平事迹的发明家。多花点时间在内容的选择上是值得的，因为 4 分钟的讲解内容是有限的，应该是发明最精彩的部分。可以是某一项技术发明，也可以是某个发明家的发明故事。

下面列出了一些重大的发明，都可以进行精彩的科普讲解。

交通工具　自行车、摩托车、火车、磁悬浮列车、汽车、电动汽车、帆船、轮船、气垫船、热气球、飞机、直升机、高速公路、地铁、高铁、空铁列车、无人驾驶汽车。

生活用品　电灯、电冰箱、微波炉、洗衣机、空调、吸尘器、抽水马桶、锁、拉链、钟表、眼镜、创可贴。

沟通工具　印刷机、电报、电话、收音机、电影、电视机、电脑、电子邮件、互联网、传真机、人造卫星。

我们生活中那些不可缺少的用品，都是发明家花费多年心血、历经多次失败后创造的结晶。为了鼓励发明家的发明，政府专门制定了专利法，保护发明家的发明，保护发明家的合法利益，从而鼓励更多人加入发明中来。

3. 社会科学

社会科学是用科学的方法，研究人类社会的种种现象的各学科总体或其中的某一学科。社会科学所涵盖的学科包括：经济学、政治学、法学、伦理学、历史学、社会学、心理学、教育学、管理学、人类学、民俗学、新闻学、传播学等。政治学、经济学、社会学、法学、军事学等学科，是典型的狭义上的社会科学。而有些学科，如历史学，则是狭义的社会科学和人文学科的交叉，通常理解为人文学科。广义的"社会科学"则包含了人文学科。在现代科学的发展进程中，新科技革命为社会科学的研究提供了新的方法手段，社会科学与自然科学相互渗透，相互联系的趋势日益加强。

有些讲解者可能是从事人文工作，在文史类博物馆、美术馆、公园或旅游景区工作，学的是文科，接触的大多是历史文化知识，可以讲解的素材同样很多。

古代文物　可以从中寻找古建筑建造方法、古文物中的技术工艺。工具中蕴藏的科技和乐器中的科技原理等等。故宫博物院、颐和园、北海公园、天坛公园、中山公园的许多讲解员对院内园内的建筑和文物进行了研究，其精彩的讲解就是最好的证明。

古代园林建设，凝聚了古代能工巧匠和劳动人民的智慧，无论是建筑设计、房梁结构、取暖降温、通风排水等均有专门的技术与工艺，斗拱、榫卯结构等可以成为很好的讲解内容。在我国知名古建筑中，可以挖掘讲解的内容不胜枚举。

文化科技 2018年，我在科学出版社和四川美术学院举办的一次科学文化论坛的发言上指出，文化离开了科学是软弱无力的，科学离开了艺术是枯燥乏味的，应该怎么办，既不是科学从属于艺术，也不是艺术从属于科学，而是要促进二者的完美融合，各美其美、美美与共。如果能讲解这样的内容，可能不得高分都难。当然评委得是真专家、大专家。

社会知识太丰富了，几乎可以囊括一切知识，这里指的主要是社会科学知识，再缩小的话，就是人们生活中的科学知识了。这些看似平常的知识，其实对人们的影响很大。关键取决于你的眼光，找到观众感兴趣的生活常识进行讲解，满足人们的现实需要。例如，美食的营养原理及制作技巧、咖啡常识、饮茶知识、旅行攻略、装修知识，等等。"世事洞明皆学问"，社会生活中的知识很多，要找到观众感兴趣的和你熟悉的讲解给观众。

地理知识 地理是世界或某一地区的自然环境（山川、气候等）及社会要素的统称。"地理"一词最早见于中国《易经》。古代的地理学主要探索关于地球形状、大小有关的测量方法，或对已知的地区和国家进行描述。地理学是研究地球表面的地理环境中各种自然现象和人文现象，以及它们之间相互关系的学科。自然环境包括大气圈、水圈、岩石圈、生物圈、土壤圈等圈层，由此就产生了地理的各个分支。自然地理现象还关注于由于样式、水文、植物、土壤相互作用的地表系统现象以及由于人类活动而产生的各种环境现象、气候现象。因此学者把这样的学科称之为自然地理。人类具有社会性所以还包括各种人类社会现象与地理环境的关系，学者称之为人文地理（包括经济地理）。"世界那么大，我想去看看"是很多人的小目标，行万里路，途中的一切见闻都可以讲解。

历史知识　历史就是指过去发生的事情，历史是客观存在的事情。历史学指的是客观世界运动发展的过程，可分为自然史和人类社会史两个方面。我们通常所说的历史是指人类社会史。历史是不以人的意志为转移的，但是历史是人书写的，既然是人书写的，就会夹杂着人的情感，人的喜怒哀乐。所以我们所看到的历史文字，是夹杂着人的情感的历史。历史随时产生，是人们在过去自由活动的如实记录。以史为鉴，借古论今，可讲的内容很多，中国古代许多科技发现与发明都是好素材。著名英国科学史学家李约瑟在其著作《中国科学技术史》中有详尽的叙述，有兴趣者不妨一读。

4. 发现故事

科学家的研究和成长经历是讲解的宝库，可以拿来讲解的内容太丰富了，每一个杰出科学家都有很多值得讲解的故事，都会给观众带来丰富的知识和特别的感受。

重大发现 讲解者应该读读你最崇拜的科学家的传记或科普读物，寻找感人的情节，或浓缩成其生平简介，讲解给大家。例如伟大科学家牛顿的故事，法拉第的故事，爱因斯坦的故事、钱学森的故事、杨振宁的故事、李四光的故事、屠呦呦的故事，等等。可以讲解其生平，也可以讲解其某一研究生涯片段。一些伟大科学家的故事，是很好的讲解素材，可以加工整理出优秀的讲解稿。例如：

①爱因斯坦 爱因斯坦最主要的科学成就就是提出"相对论"，1905 年提出狭义相对论，1915 年提出广义相对论。1921 年，他因"光电效应"获诺贝尔物理学奖，他还提出了宇宙学和统一场论。爱因斯坦的相对论研究微观物体的高速运动，并且运动的速度并不是匀速或者一成不变的，而是随着时间和空间发生改变。

②牛顿　牛顿的成就是开天辟地的，涉及的范围也非常广泛。力学方面，总结了物体运动的三大定律。如果说牛顿第一定律是从伽利略和笛卡尔身上受到启发，那么第二及第三定律则是由他首次提出的。可以说没有牛顿，就没有力学的诞生。数学方面，创立了微积分学，另一项被广泛认可的就是广义二项式定理，他还对解析几何和综合几何都有贡献。光学方面，他用三棱镜研究日光得出了白光是由不同颜色的光混合而成的，不同波长的光有不同折射率的结论。

③爱迪生　爱迪生对人类的贡献这么巨大，除了他有一颗好奇的心，一种亲自试验的本能，就是他具有超乎常人的艰苦工作的无穷精力和果敢精神。爱迪生一生中的发明，在专利局正式登记的有 1300 种左右。1881 年是他发明的最高纪录年，他申请立案的发明就有 141 种，平均每三天就有一种新发明。

④居里夫人　居里夫人与丈夫经过不懈努力，发现了放射性物质钋与镭，并且提炼出了镭。爱因斯坦对她的评价甚高，原话是"唯一不为盛名所颠倒的人"，从其将金质奖牌送给不懂事的女儿玩耍也可见一斑。

⑤霍金　史蒂芬·威廉·霍金是当代最重要的广义相对论和宇宙论家。他曾被授予英国剑桥大学卢卡斯数

学教授席位，该席位的授予对象均为数理领域最为杰出的研究者，同一时间内只授予一人，其他被授予过这个席位的科学家还有牛顿、狄拉克等。20 世纪 70 年代他与彭罗斯一起证明了著名的奇性定理，为此他们共同获得了 1988 年的沃尔夫物理奖。他因此被誉为继爱因斯坦之后，世界上最著名的科学思想家和最杰出的理论物理学家。

⑥特斯拉　塞尔维亚裔美籍发明家、物理学家、机械工程师、电气工程师。特斯拉发明了交流电，水力发电站、无线电远程控制技术、X 射线、导弹导航、瓣膜导管等。可以说所有想到与电有关的，都与特斯拉有点关系。撇开他在电磁学和工程上的成就，特斯拉也被认为对机器人、弹道学、资讯科学、核子物理学和理论物理学等各种领域有贡献。特斯拉晚年被视为一个疯狂科学家。虽然特斯拉给人们留下了很多疑问与不解之谜，但是毋庸置疑的是：他是一个对人类做出过巨大贡献的科学超人。

⑦诺贝尔　瑞典化学家、工程师、发明家、军工装备制造商和炸药的发明者。诺贝尔不仅在炸药方面做出了贡献，而且在电化学、光学、生物学、生理学和文学等方面也有一定的建树。诺贝尔一生拥有 355 项专利发明，并在欧美等五大洲 20 个国家开设了约 100 家公

司和工厂，积累了巨额财富。1895 年，诺贝尔立嘱将其遗产的大部分（约 920 万美元）作为基金，将每年所得利息分为 5 份，设立了诺贝尔奖，授予世界各国在物理、化学、生理或医学、文学及和平领域对人类做出重大贡献的人。为了纪念诺贝尔做出的贡献，人造元素锘（Nobelium）以诺贝尔命名。

⑧达尔文　英国生物学家、进化论的奠基人，曾乘贝格尔号舰历时 5 年进行环球航行，对动植物和地质结构等进行了大量的观察和采集，出版《物种起源》，提出了生物进化论学说，对唯心的神造论和物种不变论提出根本性挑战，使当时生物学各领域的概念和观念发生剧变。除了生物学外，达尔文的理论对人类学、心理学、哲学的发展都有不容忽视的影响。恩格斯将"进化论"列为 19 世纪自然科学的三大发现之一（其他两个是细胞学说、能量守恒转化定律），对人类有杰出的贡献。

⑨伽利略　意大利著名数学家、物理学家、天文学家。伽利略发明了摆针和温度计，在科学上为人类做出过巨大贡献，是近代实验科学的奠基人之一。伽利略在历史上首先在科学实验的基础上，融会贯通数学、物理学、天文学三门知识，扩大、加深并改变了人类对物质运动和宇宙的认识。伽利略从实验中总结出自由落体定

律和伽利略相对性原理等。从而推翻了亚里士多德物理学的许多臆断，奠定了经典力学的基础，反驳了托勒密的地心体系，有力地支持了哥白尼的日心学说。

⑩高斯 德国著名数学家、物理学家。高斯开辟了许多新的数学领域，从最抽象的代数数论到内蕴几何学，都留下了他的痕迹。从研究风格、方法乃至所取得的具体成就方面，他都是 18 — 19 世纪之交的中坚人物，被认为是世界上最重要的数学家之一，享有"数学王子"的美誉。爱因斯坦曾评论说："高斯对于近代物理学的发展，尤其是对于相对论的数学基础所作的贡献（指曲面论），其重要性是超越一切，无与伦比的。"

5. 发明趣闻

发明家发明创造的过程是十分精彩的，内容浩如烟海，所以讲解者要善于寻找合适的讲解内容。

可以选取最伟大的发明家，或是你最喜欢的发明家，改变世界的发明，或是你认为最有价值的发明进行讲解。用讲故事的形式介绍发明家，告诉大家不知道的那些事，对观众来说比较具有感染力。这需要你认真查找资料，包括发明家的简介或是某个伟大发明的精彩情节。例如火药的发明，飞机的发明、印刷术的发明、指南针的发明等等，都可以成为精彩的讲解内容。古今中外历史上，有一些伟大的发明，彻底改变了人类历史。

（二）选择合适题目

选择合适的讲解题目对讲解者来说十分关键。因为科普讲解的特点是限时讲解，通常为 3 ～ 4 分钟。

1. 小题目

大题目是很难讲解清楚，让观众听明白的，时间也是不允许的。选择小题目是明智之选。这一点一定要牢记。否则或是讲得空洞无物，或者会顾此失彼，最终会深受其害的。

选准内容　以单一的知识或现象为主。会使讲解稿的撰写变得简单些，也相对会容易些。由于一般要求在 4 分钟内完成讲解，所以选择小题目、具体的知识点往往才能出彩。

起好题目　具体讲应该是某种动物或植物，某个科学原理、文物、人物、事件，某个技术、设备、产品等。这样会比较精准，容易讲清楚，释明白。题目要起得精准、艺术、独特，观众听起来也有兴趣，容易吸引眼球。例如讲东北虎、熊猫、北极熊、企鹅等动物，银杏、牡丹、玫瑰、木棉花等植物，例如光合作用、勾股定理等。

简短简洁　讲解是限时讲解，字数不能多，750 字以内足矣。内容要简短、简洁，一定要开门见山，直奔主题讲解，做到讲述清楚，解释到位。要用好时间、用足时间，增加讲解的知识含量。

2. 新内容

知识浩如烟海，基本知识与科学常识观众基本也知道或熟悉，若讲解一般的基本知识或科学常识，难以吸引观众的注意力，可能收效甚微。

寻找亮点　找小题目容易，但是如果是人人皆知的内容，则会产生审美疲劳。选择新内容十分必要。即使是常规小题目也该尽量选择新内容，别人不太知道的内容，从而对观众产生吸引力。讲明原理或原因，让观众一听就明白。建议你尽量选择新内容，既达到自己学习新知识的目的，使观众也产生兴趣，何乐而不为呢。

追逐热点　讲解是一种简单、快速的科学传播形式，是一种科普性质的传播活动。因此内容一定要引人入胜，为观众带来新鲜感，切忌老生常谈。为此要根据确定的讲解题目，认真搜集素材，学习相关知识，找到不太为人所知的内容，进行艺术加工、提炼，形成一篇优秀的科普文章、好的讲解词。

知识含量　讲述内容要有一定的知识含量，应该是新科技知识，不能是大家熟悉、司空见惯的科技常识。

我们处于知识生产的爆炸时期，每天都有众多科研论文发表，众多科研成果发布，众多专利被申请，众多新产品和新服务方式问世。信息技术、生物技术、航空航天、人工智能、深地、深海、深天、深蓝领域不断取得突破，在颠覆着我们的认知。

3. 高关注

在知识经济时代，新知识呈几何式增长，人们一般只对重要的科研成果和重大发明感兴趣，对其他的科研进展或发明可能兴趣不大。

社会热点 选择新内容，要了解观众的兴趣，最好是社会热点科技知识，或是人们普遍关注、与人们生活息息相关的知识，提高观众听的兴趣。如果选取的题目观众兴趣不大，则难以收到预期的讲解效果。所以要根据社会热点来讲解科技知识，选取人们普遍关心和谈论、讨论乃至争论的知识。

前沿科技 讲解最新科技动态、最新科技成果、最新装备设施、最新产品或者服务方式、黑科技，等等，开阔观众视野，补充观众科技知识短板，带来耳目一新的感受，接受一次实实在在的科普。新资源开发、清洁能源应用、人工智能、生物技术、物联网、云存储、太空探索、移居火星等前沿科技知识亦是好题材。

普遍关注　手机的普及，微博、微信等社交平台的广泛使用，百度等搜索引擎可以帮助你找到社会高度关注的科技题目，也较容易获取相关信息和资料，应该充分占有权威资料，认真学习、消化、吸收，备足材料，做道好菜。

4. 专而深

科技含量　讲解切忌内容表面化、一般化，一定要专业些，深入些，讲述一般人不太了解的知识，不太明白的内容，增加核心内涵解释，使听者听有所获，得以"解渴""充电"。

专业视角　要讲明知识专业层面的内容和深度，体现出讲解者对所讲知识的了解程度；讲出主要的内容或主要部分，讲出其主要原理、特点、功能及贡献等。

观众兴趣　对于一些观众可能不太熟悉的内容，建议采取三段论式撰写，增加一些关键数字、数据效果更佳，要讲明对观众生活或工作的影响与作用，从而给观众留下深刻印象，也容易记住重点内容。

5. 通俗化

简单文字　讲解是一种简单的科学传播方式，讲解的对象非常广泛，所以内容一定要通俗易懂，老少皆宜。忽视了这一点，很难达到好效果。一般来讲，应该用简单的语言和文字，少用专业词汇，按照接受过义务教育的人能听懂的水平讲解即可。

深入浅出　通俗化其实是一个较难的事，你得对讲解的知识十分熟悉，才能用简单的语言来讲解，深入浅出地讲述，细致入微地解释，甚至运用举例的方法辅助解释，使观众通过你的讲解，对新的科技知识有所了解，产生兴趣。从某种程度上讲，通俗化是普及的前提，知识只有通俗化了，才能实现快速传播。知名科学家往往也是科普大家，因为他们深谙通俗化的秘籍，他们的科普是通俗的，观众一看就会、一听就懂的。这可能需要常年的实践积淀。

喜闻乐见　科技知识只有为大众了解、知道，才会促进观众理解、支持与参与科技创新。对于非专业人士，讲解一定要用大众易于理解、接受的方式进行，可以用庖丁解牛式的方法，通过类比的方法、联想的方式，通过互动、参与式体验，通过演示、实验辅助手段讲述清楚，解释明白，从而达到讲解的目的。

（三）精心撰写讲稿

1. 精心撰写

要进行一次成功的讲解，首先要写好讲解稿。那么，怎样写好讲解稿呢？

勾勒大纲　首先，讲解稿既要具有一般文章的共性，符合一般文章写作的基本要求，同时又要注意到它的自身特点，做到层次清晰、言简意赅、图文并茂、通俗易懂。撰写讲解稿并不难，先要构思好写作框架，确定论点、列出论据、打好腹稿。

分清主次　讲解稿是为了让观众听懂，听明白。要讲述主要内容，重点要素，主要作用与价值，这是首要任务与目的。然后要针对难点进行解释，帮助观众理解、接受其中的原理、道理、机制等，解释是讲解必不可少的内容。正是通过解释环节，观众学习了新知识，了解了新方法，掌握了新技能。

辅助方法　有些内容单靠语言、图片讲解还是难以被理解和接受，这时应该考虑借助道具、实物进行辅助讲解。在科技馆里都定时安排有实验表演节目，抽机会去看看，反复观摩，兴许就可尝试自己做实验、演示等辅助解释了。在中科院一年一度的公众科学日活动现场，你可以一睹众多科普达人的科学实验秀，这也是拜师学艺的好机会，千万别错过。

2. 层次分明

观点鲜明　讲解稿的观点要鲜明，展示你对一种知识的理解和掌握程度，能给人以掌握知识的力量感。如果讲解稿的观点不鲜明，就缺乏说服力，就失去了讲解的作用。讲解之所以最容易引起观众的兴趣，就在于它的直观形象、简单便捷、通俗易懂、深入浅出的特点。

层次清晰　一般文稿主要是供人阅读的，读者有思考的余地，因此，讲解稿要特别注重结构清晰，层次简明。在层次结构上可以跌宕起伏，曲折多变；在内容上也可以盘根错节，错综复杂。而讲解稿是用于口头表达，讲解语言稍纵即逝，观众对讲解中每一句话的含义，几乎没有思考的余地，因此其结构特点是内容的内在联系与有声语言的统一。

数字排序　为了便于观众理解，区分，记忆。建议对内容要列出序号，用"1. 2. 3……""一是、二是、三是……""第一、第二、第三……"进行标注，这样就讲得很清楚，听得也明白，易学好记，是讲解收效高的一个好办法。数字是精准性的最好体现，你不妨尝试用一下。

3. 大道至简

讲解应是简单的内容和简洁、通俗的语言，使观众一听就懂，一讲就会，并采取循序渐进的讲解方式。语言务必流畅、准确，语音和语速适合讲解内容的需要，切忌用播音员的语音和语速，那将失去讲解的意义和魅力。从传播层面说，简单的东西，恰恰是最具深远内涵的，也是最便于记忆与传播的东西。

要把讲解者在头脑里构思的一切都写出来或说出来，让人们看得见，听得到，就必须借助语言这个知识交流的工具。因此，语言运用对讲解稿的影响极大。要提高讲解稿的质量，必须在通俗语言运用上下功夫，字斟句酌，反复推敲，力求完美。写作讲解稿在语言运用上应注意以下问题：

使用口语 这是对讲解语言的基本要求，也就是说讲解的语言要口语化。讲解说出来的是一连串声音，观众听到的是一个新知识、新方法、新产品等。观众能否听懂要看讲解者能否驾驭好，更要看讲解稿的撰写水平。如果讲解稿不行，那么讲解再好也无济于事。由于讲解稿的语言是作者写出来的，受书面语言的束缚较大，因此，一定要使语言口语化。

语言的传播效率是很高的，所谓"不胫而走"，小道消息、流言蜚语、绯闻通常是通过语言传递的，那是一个你看不见，却十分厉害的传播网络。

通俗易懂 讲解要让观众听懂。如果语言讲出来晦涩难懂，那么就可能失去观众，减弱讲解的作用、意义和价值。为此，讲解稿的语言要力求做到通俗易懂。事实证明，受欢迎的讲解一定是语言生动、内容简单、老少皆宜的。要记住不是每个人都懂你讲解的知识，不是每个人都达到了你的认知程度与学历层次，所以要降低知识难度，以接受过义务教育的人能够听懂看明白为标准。

生动感人　好的讲解稿，语言一定要丰富、生动、优美。如果只是知识内容好，缺少具体情节、细致的描述，那也很难赢得观众。人的情感、动物的机智、植物的智慧，万物运转的秘密，要在你的讲解中呈现出来，才能感动人，才能获得相应的收获。

自主命题讲解相对较为轻松、流畅，能够在一定程度上反映出讲解者讲解水平的差异。

4. 多用图频

图画、照片、视频可以增强讲解的真实性和说服力，效果远高于单纯的文字。相对于文字来说，观众更喜欢配有图画和照片的内容，喜欢图文并茂的"科普体"内容。现在流行的是图文结合的风格，为了传播知识或是销售产品，人们开始在配图片方面下足功夫，并且贴心地链接了视频，深受观众或消费者喜爱。宜家公司的产品遍布世界，他们的产品安装说明书却十分简单，宜家找到了秘籍，那就是使用以图为主的产品安装说明示意图，无论你身在哪个国家，用哪种语言，看图操作即可自己完成安装。许多网络销售的产品，为了降低成本，现在都开始不负责安装了，让你自己装，说明书和安装工具都随着产品给你了，再不会，可以下载收看视频学。那你的讲解是不是也该与时俱进，多用图片，乃至微视频呢。

（四）突出重点内容

1. 讲述解释结合

讲解讲解，包括讲述和解释两个部分。讲为主，解为辅。

讲述、叙说是主要的，首先讲清内容主体的主要属性、基本内容、原理与特点，将知识传授给观众，条理要清楚，层次要分明，用序号讲述，便于观众记忆和区分最好。讲述的内容不能太多，不能搞文字堆砌，让观众摸不着头绪。

解释则是辅助讲述，帮助观众理解相关知识，最好采取分步解释的办法。如果仅用文字解释较难，则可以运用道具进行示范直观解释。也可以进行演示说明，帮助观众理解新知识。讲解是讲述和解释的结合，只讲述不解释不是讲解，只解释不讲述也不是讲解，而应该是讲述和解释的结合。在讲解过程中，你应该注意讲述时面对观众、评委。而到了解释时，你应该转身面对屏幕（虚拟的展陈品），使用激光笔进行点击解释。这一点请讲解者务必注意。这也是讲解的特点所在。

2. 重点在于讲述

通常讲述内容应该占到六成，讲述要全面、简单，突出重点，最好采取三段式，即性质、内容、特点。讲述时应把主要的内容和关键点向观众讲清楚，详细。讲解者应该充分分析观众的心态，了解观众的兴趣爱好、文化层次和接受能力，观察观众的面部表情，及时调整自己的讲解重点，抓住观众的兴趣点，有的放矢，精准讲述。讲述的过程也是知识传授的过程，要把你熟悉的知识内容传递给观众，引起观众的兴趣，要娓娓道来，讲出某一知识的精彩之处，产生共鸣。

《舌尖上的中国》是这方面的典范。食物是我们每天要吃的，但是在导演的镜头下焕发神奇魅力，让人垂涎欲滴，恨不得马上大快朵颐。而李立宏先生的独特、优美、意犹未尽的讲述，加上优美的配乐，把我们带入了一个难以企及的奇妙境界。

当然，我们要立足现实，不能苛求每个人都达到这个程度，但是这可以成为你努力的一个方向，一个小目标。

3. 分步进行解释

解释是难度较高的部分，因为讲述的内容，可能观众没有完全听懂，这时解释的作用就凸显出来了，对照屏幕中的内容进行解释，列出一系列图片进行解释，或者录制微视频就变化、作用过程进行演示。最好分步解释，当然这需要提前做好相关准备工作。

如果你觉得这样解释还不明白，可以借助道具进行解释。这是比较常见的方法，毕竟耳听为虚，眼见为实。道具增强了真实感，也使讲解成为展示你的专业素质或业余专长的机会。如果还觉得不够，可以进行现场实验演示，那样的效果是最好的，但是难度也是很大的。前提是你是这方面的专业人士，如果不是专业人士，一定请专家进行指导和把关，特别是有关化学类的实验，要以安全、保险为前提，避免出现意外事故或危险，造成不必要的伤害。

（五）善用举例比喻

1. 举例效果很好

有些讲解内容仅仅靠语言讲解和形容，往往还难以让观众明白，这时选择其他辅助方式显得十分必要。优秀的讲解往往是借助举例实现的，这也可拉近科技知识与公众的距离。讲解高手往往也是这么做的。科普本来就要求以公众易于理解、接受的方式达到普及科学知识的目的。

使用人们熟知的生活常识进行举例，则可巧妙地化解令观众难以理解的问题。类比是很有效的，可以实现事半功倍的效果。例如，讲解伯努利原理，双手拿 2 张纸，在中间吹一下，就可看到伯努利现象。例如，究竟是三角形、方形还是圆形承重力大，现场进行演示比较，观众自然会得出结论。事实、演示胜于雄辩，有演示的讲解会更加精彩。

2. 引用经典案例

科普讲解的内容是科技知识，要用科学的方法进行讲解，借助 PPT 等方式，将所要讲解的知识用科学的语言传递给观众，同时可以借助其他辅助方式。每个科学发现、技术发明的背后，都有无数案例和故事、趣闻，通过经典案例告诉观众是一个很好的技巧，是最有说服力和信服力的。讲解内容通过案例得以强化观众的理解。

一个新兴产业的出现和发展，往往依赖于一项核心技术的创新。任何一项核心技术的创新，无一例外源自一开始的重大原创性的科学理论的突破。回望人类工业革命以来的一些重大发现和几次产业革命，从纺织、铁路、汽车、计算机到生物技术，各行业和领域变革的源头都是重大的理论创新。随后经过三四十年的孕育期，进入广泛应用和指数增长，给人类社会带来很多福祉，最后改善了人类的生存环境和空间。我们设想一下，如果没有电磁理论，就不会有当今的无线通信；如果没有微生物的发现，不会有今天的疫苗；没有牛顿的三大定律，也不会有航天器升空。

认真读几本科学家传记和科学技术简史，就可以找到许多素材，把它们加工成案例，放到讲解词里，就可以从容不迫地进行你的讲解了。这是厚积而薄发的过程。

3. 结合生活常识

讲解不能全是高大上的内容，适当结合人们日常生活，也会给观众带来欣喜与快乐。每个人的生活都有各自的感悟与快乐，有自己的特长与秘籍，在讲解中分享给观众，会使讲解内容接地气，有人气。公众的吃穿住行用，都离不开科技，有很多可以讲解的题材。结合生活常识的讲解可能是一个不错的选择，兴许会得到诸多点赞。关键要新颖、新奇，老生常谈的常识不在此列。

小结：本章主要讲述了如何确定讲解内容，选择合适题目，精心撰写讲稿，突出重点内容，善于举例比喻等内容。讲述内容是讲解的主体与关键，写出好的讲解稿，才能保证讲解好，赢得好评。讲解内容在讲解比赛评分中占据了 50% 的权重，直接决定着讲解者得分的高低。如果讲解内容选择得不好，讲述得再好，解释得再明白，也不太容易得高分。解释则是必不可少的环节，是讲解区别于演讲的标志，是辅助观众理解和接受新知识、新方法的关键。解释要使用多种辅助方法。

第四章

科普命题讲解

一位优秀的科普讲解者，不仅自己熟悉的、讲解过多次的内容能讲解好，不太熟悉的内容也能讲解好。这就要求其平时要多读书、善读书、读好书，关注新知识、新动态、了解科技新进展、新趋势，具备讲解能力，掌握讲解技巧。

科普讲解在博物馆、科技馆里内容基本上是固定的内容，讲解员十分熟悉相关展品、陈列物，讲起来信手拈来，得心应手。但是离开博物馆、科技馆，在社会上其他场所的科普讲解，内容和形式就应该针对观众需求，有所改变，不能一成不变。若组织科普讲解竞赛，为了全面考核、科学评价参赛选手的讲解水平与能力，通常在自主命题后，还会安排随机命题讲解，在事先确定的题目（20 个左右）中随机抽取一个题目进行讲解。这种安排对选手是个考验，也是一个不断学习、拓展知识面、充实自己的机会。对评委和观众也是学习、拓展知识的机会，从而使科普讲解竞赛增加了趣味和观赏性，可谓一举多得。每一个职业讲解员和业余讲解者应该熟悉、熟练掌握这两种讲解类型。

（一）自主命题讲解

　　自主命题讲解，是讲解的主体内容，设计自主命题讲解环节就是为了展现讲解者的知识水平、专业素质、表达能力和整体形象。自主命题讲解为讲解者打造了一个展示自己专业优势和业余爱好的空间，为讲解工作者创造了一个交流的平台，为公众提供了一个轻松、愉快接受科普的机会。这体现了对讲解者的尊重、对讲解者的关心、对讲解者的厚望。

讲解讲解，就是告诉你讲解是由讲述和解释两部分组成的。只讲不解不是讲解，只解不讲也不是讲解。讲解必须是讲述和解释的结合。讲述和解释结合的程度和水平，决定了讲解的成败。讲解容易，讲解好不容易，讲解出彩则真不容易。需要讲解者认真观摩、仔细学习、多加演练、拜师学艺，才能成为一个成功的讲解者。勤学苦练方是捷径。"纸上得来终觉浅，绝知此事要躬行。"

评分标准　在全国科普讲解大赛评分标准中，规定在自主命题环节，通常分别从内容陈述、表达效果、整体形象三个方面对选手进行评分，科普讲解内容须包含自然科学和技术知识，否则不得分。专家评分总分 100 分。

①内容陈述（50 分）：要求科学准确、重点突出；主次分明、详简得当；层次清楚、合乎逻辑。

②表达效果（30 分）：要求通俗易懂、深入浅出；张弛有度、侧重讲解；发音标准、吐字清晰。

③ 整体形象（20 分）：要求衣着得体、精神饱满；举止大方、自然协调。

1. 讲述内容为主

大胆地开讲是关键。讲解技巧和方法主要包括语言语调的技巧、时间分配的技巧、中间提问的技巧。注意首先要做好事前的准备，包括讲解的重点内容和关键点。科普讲解要有亲和力，要能和观众产生交流互动，科普讲解要用通俗接地气的语言讲述科学的奥妙，具备了这个能力，才能演绎科普魅力。科普讲解者在巩固专业知识的同时，要加强文化修养，使科学与艺术进行融合。同一个科学知识，面对不同的观众，需要用不同的语言。讲解者需要不断学习，顺应讲解发展趋势，从容应对更多的新科学知识的讲解需求。

(1) 科学内涵

科普讲解是一种有严格要求的讲解，是对科学精神、知识的讲解，内容既可以是高大上的"北斗"、"天问"、核技术等，又可以是接地气的健康、安全、环境、气象、地理等知识，但是要以深入浅出的方式诠释那些原本看上去严肃高深的科学话题，让科学"声"入人心。因此要借助 PPT 进行讲解。PPT 内容要精美，图文结合，让观众赏心悦目，每幅内容力求文字清楚、图画美观、表格准确、直观清晰，PPT 中可以穿插图片、视频，配置合适的音乐，营造科学氛围与意境。

（2）讲述为主

要以讲述内容为主，把所讲知识讲述清楚、准确、层次分明，重点突出。这是讲解的关键，要学会把硬科技成果变成软科普内容，让公众能了解到前沿科技和科研攻关最新成果，聆听到科研工作中那些精彩有趣的故事。为了便于观众了解你讲解的内容，可以用数字进行分段，三段式是通用及保险的办法，也便于记忆。告诉你一个小技巧，重点内容一定要放在 PPT 上，万一你记不住了，看看屏幕就可以了，还如同进入了解释环节，显得比较自然。因为讲解不是考试背诵的功夫，而是看你讲解的本领，表达的艺术水平。

插入图画、照片，选用能够辅助说明讲解内容的图片，可以给观众带来直观感。也可以借用显微镜下的照片，让观众看到微观世界的神奇，增强讲解的说服力。插入微视频（勿超过 15 秒）也是一个好办法，因为有时用语言很难讲解清楚一些抽象的科学概念或原理，借助微视频就不同了，这也是科学可视化的流行方式，但视频过长就有些"喧宾夺主"的感觉了。

(3) 解释为辅

离开了解释，讲解就失去了其特点和魅力，解释是科普讲解区别科普讲座、演讲的主要特征。其实讲述内容方面一般选手水平差别不太大，但是在解释环节则落差较大。为此，讲解者一定要注意增加解释部分内容的练习，提高解释的精准与能力，帮助观众理解和接受讲述的内容，从而提升讲解整体水平。解释是有难度的，解释有别于讲述，最好的办法是进行分步解释，一是解释其主要科学原理及运行机制；二是解释其主要特点；三是解释其主要作用和影响。

(4) 多些风趣幽默

科普讲解应该是一个使讲解者、观众和评委都觉得快乐的活动。如果讲解的内容过于平淡，这时增加点有趣的内容或环节显得十分必要，或制造一个惊喜，也很容易带来笑声和掌声，这都会获得很好的传播效果。例如讲个趣闻或笑话会产生意想不到的效果。建议具备这种能力的讲解者要一显身手，让讲解现场时而有笑声。

2. 努力创造动感

(1) 自然走动

讲解时要自然走动，切忌站在一个点上不动。讲解者可以随着讲解内容的前后顺序，自然地移动脚步。而在比赛时由于受场地等条件的限制，讲解者如果在 4 分钟的讲解时始终固定在一个点进行讲解，朝着一个方向进行讲解，未免显得有些呆板，不自然。为了改变这种状态，讲解者一定要在比赛中保持移动状态，既要横向走动，也要纵向移动，创造一定的动感，这样才会使整个讲解活起来、动起来，讲解本身就是一种活动。最好的办法就是建议你自己在家中或单位练习讲解时录下视频，自己回放观看一下，就知道一动不动的讲解呆若木鸡，会多么让观众感觉不适了。

（2）看图解释

讲解是一种活动，讲解时一定要在观众之间、观众和屏幕或展品中不断转换方向和目光，形成一定的动感。讲解时要在观众和屏幕间起到连接作用，避免一直面对观众或一直盯着屏幕，那就成了"背诵"或"念稿"了。如果讲解者始终朝着观众进行讲解，不去回头看屏幕进行解释，通常会给观众感觉讲解者是在背诵，那会使讲解效果大打折扣，在比赛中也很难得到评委的高分。有的讲解者往往是象征性地回一下头，根本就不看屏幕，也不用激光笔指向重点内容，这都是不专业的表现。有些选手感觉自己的得分低，原因兴许就是因为他（她）是在背诵而不是讲解。

(3) 穿插问答

讲解如果一直是平铺直叙，时间长了会使观众感觉沉闷，适当穿插提问，讲小故事或趣闻是十分有效调动观众兴趣的方法与技巧。例如：您知道这是为什么吗？请看！您看出它们的差别了吗？等等。若能使用幽默的语言则更佳。讲解通常是讲解者讲解，观众听，这时若适当增加提问环节，可以活跃现场氛围，也会带来意想不到的效果，特别是提问具有一定难度时更是如此。当然提问就怕无人接招，所以提问的问题不能太难，但太简单也失去了提问的意义。

事先设置提问环节，甚至以提问作为开始，可以显得与众不同。如果设置了提问，最好找朋友当个"托"帮忙，避免出现无人应答的尴尬场景。如果出现了无人接招、或者你的朋友缺位的情况，那你一定记住要自己把所提的问题收回来，自己回答，解铃还须系铃人。如果没把握或搞不定，就不要做这种尝试。在讲解中，要善于利用机会与观众互动，吸引观众参与讲解内容的补充，活跃现场气氛，制造和谐场景。如果现场有小学生，也可向小学生提问一些简单的科技常识，增加乐趣，让科普讲解"活"起来。

3. 发挥专业特长

自主命题讲解对讲解内容有一定的要求，但是没有限制性规定，所以选择的空间很大。

(1) 选择熟悉知识

首先是你所学的专业，其次是你从事的工作，再次是你喜欢和爱好的知识。这方面的内容很多，要争取独特、个性化内容，不要找大众化的知识，那些谁都可以选择或讲解的知识。同样是科学技术知识，要选择最重要的科学发现、技术发明，最重要的科学原理、最伟大的发明。如果你是物理专业的，那就讲讲伽利略、牛顿、爱因斯坦、钱学森、杨振宁等物理学家；如果你是化学专业的，那就讲讲门捷列夫、弗莱明、拉瓦锡、屠呦呦等化学家；如果你是数学专业的，那就讲讲阿基米德、欧拉、高斯、牛顿、庞加莱、黎曼、笛卡尔、祖冲之、陈景润、陈省身等。

(2) 选择擅长内容

术业有专攻，每个人都有自己的擅长，每个人都了不起。讲解这个重要场合，该把你擅长的内容和独门绝技露一手了。内容越具体越能体现水平和专业程度。如果讲植物，可以讲松树、柏树、柳树，也可以讲银杏、白桦树、椰树；如果讲动物，可以讲狮子、老虎、豹、大象，也可以讲长臂猿、金丝猴、企鹅、北极熊、鲸鱼；如果讲建筑，可以讲古希腊帕特农神庙、埃及金字塔、古罗马竞技场、复活节岛石像、埃菲尔铁塔、自由女神像，也可以讲长城、故宫、天坛、布达拉宫。

（3）选择社会热点

社会热点问题，特别是热点科技问题，是观众最感兴趣的话题。无人驾驶、元宇宙、黑洞、气候变暖、电动汽车、基因编辑、3D 打印，量子科技、载人航天、深地、深空、深海、深蓝、病毒、疫苗、免疫力，健康、长寿等，讲解这些内容，会激发观众的兴趣，赢得他们的点赞。也可以根据讲解期间公众最关心的科技热点话题如生物多样性、大象北进、角马迁移、帝王蝶南飞等现象等进行讲解。

（4）选择最新成果

每年都有很多的科技创新成果，从中选择最重要、最有价值的科技创新成果进行讲解，可以帮助公众了解最新科技。无论是世界科技创新成果，还是中国自主创新成果，可以讲解的内容十分丰富。2021 年 12 月 17 日，《科学》杂志公布了 2021 年度十大科学突破评选结果，分别是：①人工智能预测蛋白质结构；②解锁古老泥土 DNA 宝库；③实现历史性核聚变突破；④抗新冠强效药出现;⑤"摇头丸"减轻创伤后应激障碍的症状;⑥单克隆抗体治疗传染性疾病;⑦"洞察"号首次揭示火星内部结构;⑧粒子物理学的标准模型出现"裂缝";⑨ CRISPR 基因编辑疗法对人类疗效得到首次证明;⑩体外胚胎培养为早期发育研究打开新窗户。这些都可以成为你讲解的题目。还有很多可以选择的讲解热点,关键取决于你的眼光和爱好。

4. 巧用演示实验

再好的讲解,如果仅仅靠语言还是很难取胜的,特别是在高手如林的竞赛场合。所以,选用一些小道具、科学仪器,会带来很好的辅助效果,也会增强讲解的效果。

(1) 增加道具演示

使用道具的作用和效果是大于图片和视频的,因为道具会带来直观、真实的感觉,也凸显了讲解者的态度,丰富了讲解效果。特别是如果你讲解的内容可以用道具辅助讲解时,为什么不用呢?纵观 9 年来全国科普讲解大赛获得年度前 10 名的选手,使用道具辅助讲解占了较大的比例,这足以给你充分的启示吧。

如果使用道具,一定要在讲解前搬上讲解台,讲解过程中其他人是不得上场协助的。使用道具是辅助内容,一定要简单、简短,控制在 30 秒内完成,否则就有点喧宾夺主了。

(2) 现场科学实验

现场进行科学实验，比使用道具难度要高一些，风险也大一些，收效也会好一些。许多科学原理，实验效果，用语言讲解起来，有时观众还是听不懂，难以达到预期效果。如果现场借助科学仪器做一个科学小实验，让大家亲眼所见，那效果自然就不必说了。这类小实验一定要简单、简短，点到为止。实验是检验真理的标准。实验的效果远高于其他方法。一定要精心选择实验的内容与方式，反复练习，确保实验过程准确无误。实验时一定要按照在实验室做实验的规定进行，例如，做化学实验一定要穿上实验服，带上实验用手套、护目镜及实验帽，避免意外的发生造成自己或他人的伤害。绝对不能操作可能产生危险及危害的实验。

5. 选择讲解类型

科普讲解主要发生在科普场馆中，是为了满足参观者的参观需求而出现的行业。以前在我国高等教育水平不发达时，高中毕业生就可以担任讲解员，经过培训就可以上岗工作了。不少讲解员只要记住、背下要讲解的内容，基本就可以了。随着我国高等教育的普及，2021年，中国高等教育毛入学率达 57.8%，在学总人数达到

4430 万人，居世界第一。[1] 讲解员的从业门槛逐步提高，已经从专科、本科升级到了硕士研究生为主，甚至有些博士毕业生也加入到了讲解员的行列中。

目前欧美发达国家平均 50 万人就拥有一个科技类博物馆，参观科技类博物馆成为日常生活的一部分。我国的科技类博物馆还比较少，大约为 92 万人拥有一个科普博物馆，每年仅有不足 30% 的公众能参观一次科普场馆，与发达国家的差距依然较大。而且我国的科普场馆主要集中在北京、上海、天津、重庆、广东、江苏、浙江、四川等大城市和发达地区，西部地区科普场馆短缺状况未得到根本扭转。科普场馆的能力和水平不仅体现在场馆的大小、新旧及场馆的展品设计、互动活动的安排上，也与讲解者的业务素质和讲解能力有很大关系。

科普讲解是科普场馆、科普基地工作人员的基本功，讲解者的科学素养与讲解水平的高低，直接关系到科普场馆、科普基地功能和作用的强弱。通过对我国与国外科普场馆的调研、比较和分析，我认为科学传播水平和科普讲解水平可能是决定科技馆实力高低的一个重要的原因。不同的科普场馆、不同的展示内容、不同的科普讲解竞赛，

1　中华人民共和国国务院新闻办公室. 新时代的中国青年 [N]. 人民日报,2022-04-22(010).

讲解的方式与类型也是有所不同的，大致可以分为解释型、故事型、推理型、演示型、综合型 5 种。

（1）解释型

解释型讲解以讲科学发现、技术发明的内容为主，讲解的内容具体、准确，以语言为主，图片、视频为辅，帮助观众了解其讲解的科学发现基本原理或技术发明方法。

单一知识 解释型讲解通常是单一科技知识的讲解，或者是人文社会科学知识的讲解，没有特别的要求，只需按照讲解基本要求，使用简单语言对科学原理、技术方法的主要内容进行讲述与解释即可，以普及科学技术知识为主。通常用于重要科学原理、重要技术发明、重要的科技事件，以及著名科学家、发明家简介和公众最关心的新成果、新发明等内容的讲解。

简单易学 技术方法的讲解则更多地集中在其使用价值、实用价值上，这样容易引起观众注意，涉及技术方法的解释适当使用道具模型、小实验等会产生好的效果。这也是讲解者使用最多的方法。

适合新手 解释型入门容易，有一说一、照本宣科即可。解释型讲解没有特别的要求或规定，讲解者按照讲解稿进行讲解。讲解新手比较适宜这种类型，目标单

一、方法简单、聚焦题目。现场压力小、完成率高。

(2) 故事型

讲解者通常从讲一个科学发现、技术发明的故事开始，精准解释科学发现或技术发明的过程。

题材丰富　故事型讲解往往是从主人公在生活、劳动、工作、研究实践中的探究精神开始，然后讲到他们偶然发现了一种现象、一种方法，经过不断试验和重现，最后成为人类历史上著名的科学发现或技术发明，主人公也成为著名的科学家、发明家。

口才见长　这种讲解增加了故事情节，充满了趣味性，容易激发观众的兴趣，对于青少年观众较为有效。但是这种讲解需要良好的表达能力，要善于表达，添枝加叶，丰富内容，注重细节描述，达到只可意会不可言传的效果。

文科优势　故事型讲解难度大于解释型。文科生的阅历较广、社会经验多，词汇比较丰富，也较为健谈，具备良好的故事型讲解的条件。通过讲故事可以发挥自己的优势，对知识进行艺术加工，绘声绘色地把人物、动物、植物、事物、文物、展品讲活。也可以弥补科学知识的不足。如同田忌赛马的道理，选择好讲解类型，就能使一般的讲解取得不一般的效果。

(3) 推理型

推理型讲解是通过若干现象推导出科学理论、技术方法的讲解，需要讲解者十分熟悉其讲解的内容。

巧妙开始 讲解者从生活和工作中常见的现象开始，向观众提出问题，然后自己讲出解决方法，解释清楚原理或原因，并告知观众这是什么原理，同时告知观众这是哪位科学家发现的，哪位发明家发明的。

分析推理 推理型讲解要求讲解者要学会科学分析，由表及里，从现象推导本质。采取此种类型，应该对讲解知识有深入透彻的理解，能够从不同角度进行分析、推导、解读，具有将复杂知识简单化的能力和水平，循循善诱，采取多种科学方法进行判断和解释，以理服人。

难度较大 这种方式难度系数较大，需要具备丰富的知识积累和清晰的逻辑思维能力，适合专家、技术人员使用，表达能力和演绎能力要强。

(4) 演示型

这种类型一般是提出一个问题、原理或方法，然后用分步解释、道具表演、实验演示给观众看，让观众观察其过程，了解其原理或原因，从而知晓科学原理或技术方法。这种讲解方式直观、真实、易于理解，观众可参与其中。

动手能力 但是科学演示型讲解具有难度，更适合动手能力强的人，比如科技人员或专业人士。熟练掌握其方法者方可使用。同时，这种方法具有一定的风险，一旦出现失误则得不偿失。

寻求互动　演示过程中，要向观众主动解释，进行必要的沟通，否则演示就略显逊色。沟通可以活跃现场氛围，也可以减轻你的压力。建议你提出问题，请观众回答结果，形成互动。如果担心无人相应，你可以提前找个"托"，请好朋友帮忙。如果出现无人应答的情况，你一定要及时接回来，自己回答圆场。

风险较高　做实验演示存在着一些不确定的因素，准备不充分就容易出意外，为此一定要全面、细致地做好必需的准备。要有良好的心理素质和较强的承受能力，既要大胆尝试，又要细致耐心。世界上没有绝对保险的事情，重在参与体验。勇于探索，其实也是培育科学精神的开始，不畏艰难，才能前行得更远，瞻前顾后、患得患失，裹足不前，只能是原地踏步。

演示型讲解是一种在讲解过程中，与观众合作、请观众配合完成讲解活动的形式。当前知识的传播不再是教育者向受教育者的单向传递，而是双向交流，互相影响。演示型讲解中与观众有互动，有助于调动观众的积极性和兴趣，活跃现场气氛，提高观众热情。寓教于乐是其最大特点。"互动作为博物馆展示方式的一种，与实物、图片、文字的展示方式有着很大的不同，在很大程度上，互动是传统展示方式的一种补充，是展示中越来越重要的一种形式"。[1]

(5) 综合型

综合型讲解是讲解者综合运用上述讲解类型，集成各种讲解类型优点的讲解形式，它给观众一个全面、多层次、完美的感受。需要讲解者熟悉各种讲解类型，巧妙发挥不同类型的讲解特点，围绕讲解重点进行多角度、多途径的讲解。

由于综合型讲解没有固定的特别要求，综合型讲解属于初学者比较喜欢的讲解类型。讲解者要巧妙地发挥自己的专长，运用不同类型讲解的长处，融会贯通为自己的讲解风格，面对普通观众，满足大众口味，力求稳妥稳健，在普通的讲解中展露精彩的内容与个性特点。

(二) 随机命题讲解

随机命题讲解与自主命题讲解不同，随机命题讲解考验的是选手的知识面及概括提炼水平、随机反应能力和发散思维。

[1] 张安玲，李大光.北京专业科技馆互动展示现状浅析 [J].科普研究，2013, 8(02): 54-60+91.

一位优秀的科普讲解者，不仅自己熟悉的、讲解过多次的内容能讲解好，不太熟悉的内容也能讲解好。随机命题讲解着重考核选手的讲解水平、综合能力和科学素养，对每位选手都是真正的考验。增加随机命题讲解环节是为了区分选手讲解能力，检验选手真实科学素质。自主命题讲解讲的大多是选手非常熟悉、讲过很多遍的内容，讲得好是自然的事。如果这样竞赛，每个人的表现都可圈可点，精彩纷呈，难分伯仲，但是这往往不是真实水平的反映。因此增加随机命题讲解显得尤为必要，其目的是考核选手的随机反应能力和发散思维。为了减少选手的竞赛压力，科普讲解竞赛组织方会对随机命题内容进行限定，从《中国公民科学素质基准》中选取相关知识，结合当年的科学热点问题来出题，每年选择涵盖主要科学技术领域的 20 道随机命题题目，提前在全国科普讲解竞赛官网（http://www.gdsc.cn.qgkpjj2023）上公布，给选手充分的准备时间。这个环节使得比赛充满了紧张的氛围与悬念，内容精彩纷呈，极具观赏性和趣味性，对观众是一次很好的科普机会。

对于随机命题讲解，评委主要从以下 4 个方面对随机命题讲解进行评分。讲解者一定要按照以下的要求进行讲解：① 主题立论一致，合乎逻辑；② 内容重点突出，寓意深刻；③ 密切联系生活，特色鲜明；④ 讲解思路清晰，语言流畅。

1. 充分准备

(1) 熟悉命题

选手要提前熟悉随机命题 20 个题目，自己独立准备讲解要点和重点，写好讲解词，背诵记忆好。为了保证内容的精准性，最好请专家审核把关，一定讲准确，讲重点，不能遗漏重要内容。起码做到对每个随机命题题目都能说出一二三来，才能应答如流。能够全面记住和掌握是最好的。万一不行，一定要记住关键词，因为通过关键词能够联想出主要内容。如果实在不会，那就针对随机命题所配图片进行描述性讲解，从字面上、图片上进行描述解释。无论如何不能说"对不起，我不会"，那就前功尽弃了。

(2) 精准讲解

随机命题讲解主要考核选手的知识面及随机讲解能力。严格地讲，单靠背诵是很难胜出的。"书到用时方恨少"，这要求讲解人员平时要"爱读书、多好书、善读书"。选手选定随机命题题目后，会有 20 秒的准备时间，在 20 秒的准备时间里，要快速形成讲解框架，回忆关键内容，先讲出主要内容、重点内容，然后再补充其他细节。由于随机讲解的时间仅仅只有 120 秒，不可能讲太多内容，但不能因小失大，光讲细节，却来不及讲主要内容。建议按照（T-15）秒准备，T 是时间，120 秒减去 15 秒。讲到 105 秒恰到好处。

限时讲解一定要有所为有所不为，首先讲性质、主要内容、特点及作用和价值等关键要素，剩下的时间可以补充一些细节及精彩情节。特别是科学原理是哪国的哪位科学家发现的、其主要内容，获得了哪些重要奖项，技术发明是哪国的哪位发明家发明的、其主要内容，某一动物的种类、特征、寿命及分布地，珍稀程度及保护级别。某一植物种属、特征、珍稀及濒危程度、保护级别、分布地，某一装备、某一产品的主要发明者、发明者国别、主要用途及重要意义等。精准讲解通常指的是能够带有数字的讲解，可以是内容按照序号讲解，也可以在内容中讲出具体数字、核心数据，显示你的专业度。换句话说，如果讲解过程中没有数字、数据，很难被认为是科学的讲解。

（3）客观评价

任何科技成果、人物，重大科技事件都有其作用、价值和意义，一定要告诉大家其重要意义、价值及影响。对于不同的科学原理，要对其对科技及社会的杰出贡献予以客观评价。对不同的重大发明，要对其对生产力、经济发展的促进作用，对人类生活质量的改善予以充分肯定。对著名科学家的重大科学发现要予以高度评价，对杰出发明家的重大发明要高度赞扬其对人类进步的重要作用。每个人有不同的认识与评价，首先要讲出公认的评价，同时也可以讲出你自己的看法与评价。

2. 删繁就简

（1）浓缩内容

科普讲解是为了让更多的观众获取科技知识，提高科学素养。这就要求讲解的内容尽量简单、简短，浓缩主要内容。不要奢望讲解稿面面俱到，一定压缩水分，保留干货。可以按照广告词要求、发微博的要求去粗取精、去伪存真，精炼内容。可以按照奥斯卡获奖者发表获奖感言的要求提炼语句，该说的一定要说。可以按照广告计时收费标准进行讲解，只讲必须讲的话，只做必要的解释，适可而止，不要画蛇添足。

（2）精炼语言

讲解切忌长篇大论，一定要言简意赅。要注意区分一般观众和专业观众的需求，力争用最简单、简洁、简短的内容和方法将科技知识进行通俗化介绍。多用短语、成语，多引用名言警句。只讲主要内容、重点内容。解释要适可而止，不要重复解释。

（3）见好就收

随机命题讲解一定要遵守时间规定，事前计算讲解所需要的时间。用时过短讲不明白，用够时间有超时的风险。建议按照（T-15）公式留15秒剩余时间来准备内容，就是用时1分45秒，即105秒，既可保证讲述够内容，解释清楚原理，又留出一定时间的余地。因为讲解过程中，难免有停顿、忘词或多词的情况，留出15秒足以保证提前结束，不会超时。所谓见好就收，就是提醒你讲解时不要兴奋起来，滔滔不绝，增添词句，最后超时被扣分。严格按照平时准备的状况讲解就行。不要奢望多说取胜。

在120秒的讲解过程中，与内容无关的话越少越好，时间应该都用在讲解上，多讲述、多解释，多把相关知识内容传递给观众，满足观众的获得感。有的选手过于客套，开始讲解时，先向评委和观众问好，结束讲解前又要问评委和观众好，还承诺评委和观众到其博物馆、科技馆参观时她会陪同进行讲解，这时时间正好超过了规定时间2秒钟。言多必失，这就是教训。那么该怎么办呢？其实，如果你认真学习规则，就知道问好应该在开始讲解前，致谢则应该在结束讲解后，用鞠躬的行为问候及致谢，不要说话。因为鞠躬动作不计时间，说话计算时间。

3. 专家问答

讲解竞赛中，最后会安排专家问答，这既是要考验讲解者对讲解内容的熟悉程度，也是测试讲解者的综合素质，同时，为竞赛活动增添互动环节，活跃现场氛围。优秀的选手往往喜欢在这个环节上展现自己的实力。实力不足的选手往往在这个环节上表现得差强人意。为此，一定要扬长补短，自己知道、熟悉的内容要多说，不熟悉或忘记的部分要简单提及一下。要注意以下几点：

(1) 发挥优势

每个选手都有自己的长处和优势，无论是知识层面、表达方式，还是讲解水平。关键要发挥自己的长处，展现自己的优势，讲清具体题目的定义、性质、特点与特征、作用与价值，通过你的随机讲解，让观众听清楚，弄明白，感觉开心，有收获。在别的选手进行随机讲解时，要认真观摩，细致观察，善于学习，反复对比，消化吸收完善自己的讲解内容，博采众家之长，才能使你的讲解更出彩，受观众欢迎。

(2) 补上短板

世界上最难的事就是知道自己的不足、承认自己的不足了。倘若自己难以发现自己的不足，可以请自己的家人评价指出一下。也可以请同事或专家点评，请心直口快的朋友一吐为快。找出差别，找到差距，弥补不足。当你参加各种科普讲解比赛但得分不高时，那应该知道你讲解可能存在着一些需要克服的问题，用手机录下的优秀选手视频回放一下，与自己的随机讲解视频进行比较。差距应该不难发现，关键是你的心胸是否足够宽阔，要知道虚心才能使人进步。

（3）不断学习

学习是获取知识的主要途径，读书是充实自己的最好方式。国家科普大使、太空教师、航天员王亚平回忆道，她刚到航天员大队培训时，遇到了中国第一位飞上太空的航天员杨利伟，她请教杨利伟，当航天员最难的是什么？杨利伟平静地说了两个字"学习"，这深深地影响了王亚平，学习也成了她一直都在做的重要之事，她在获得了北京大学的新闻学硕士后，又开始了北京大学心理学博士学位的攻读，正是这种学习精神，也成就了她不断创造新的航天历史。

书到用时方恨少。要完成一次好的随机讲解，应该平时多学习，开卷有益，多丰富自己，打下坚实的知识基础，这样才会在高手如林的竞技场上应付自如，施展自己的才华，展现优秀的自己，赢得评委和观众的赞赏。

4. 历年题目

自 2014 年举办第一届全国科普讲解大赛以来，主办方每年高度重视随机命题问题，从学科分布、重点领域、科技前沿、区域特色、科技常识等多个维度精心选择随机命题试题，并广泛征求专家、有关部门和地方意见，调整完善，力争达到既普及科技知识重点内容，最新科技成果，又测试讲解者知识面与综合素质的目的。

2014—2021 年，全国科普讲解大赛主办方共出了 160 道随机命题讲解题目，了解掌握这 160 道题目内容，对每一个讲解者十分重要，对每一位评委、观众也颇具价值，既是学习、充电的机会，也是锻炼自己随机命题讲解能力的有效方式，并有助于你在科技常识测试、专家问答环节有上佳表现。

2021 年　法拉第　袁隆平　椭圆　第五代战机　智能物流　海森堡不确定原理　碳 14　无铅储能陶瓷　天河核心舱　神舟十二号　奋斗者号　珊瑚　天坑　生物多样性　桑　大象　疫苗　医用重离子加速器　空铁列车　碳中和

2020 年　病毒检测　珠峰测高　共振　雷达　伦琴　拓扑　新基建　蝗虫　盾构机　黄旭华　浑天仪　机器

学习　牡丹　氢能源　湿地　手性　天问一号　芯片
新材料　蒸汽机

2019 年　能量守恒定律　微塑料　水稻　港珠澳大
桥　无人驾驶　油　电流　于敏　纸　蜘蛛　肿瘤　流
感　海姆立克急救法　显微镜　嫦娥四号　钱七虎　核
心技术　糖　长城　松树

2018 年　椭圆定律　天舟一号　冰冻圈　生物钟
隐身技术　伯努利原理　爱因斯坦　蜜蜂　干细胞　王
泽山　人造太阳　电压　侯云德　沙漠　马德堡半球
镭　食盐　银杏树　国家实验室　AED

2017 年　AR　VR　北斗　病毒　茶　大脑　电流
勾股定理　光　基因　抗生素　可燃冰　空间站　李时
珍　钱学森　人工智能　射电望远镜　生物识别　云
针灸

2016 年　LED　北纬 30 度　大数据　高斯　霍尔
效应　机器人　纳米　地球　潜水艇　青蒿素　石墨烯
探月　天然气　天文望远镜　网上支付　微生物　雾霾
信息安全　圆周率　众筹

2015 年　概率　万有引力　PM2.5　细胞　月球
植物　海洋　潮汐变化　台风　火灾　水污染　指南针
核电　南极长城站　手机　PX 项目　新能源汽车　高铁

神舟飞船 蛟龙号载人潜水艇

2014 年 太阳 水 PM2.5 核 石 碳 兔 鱼 蝴蝶 苹果 米 达·芬奇 诺贝尔 3D 技术 球 镜 飞机 船 车 空气

小结: 全国科普讲解大赛通常有自主命题讲解和随机命题讲解两种形式。两种讲解形式同等重要, 不可偏废。自主命题讲解的关键是讲述, 解释是讲解的主要特征。随机命题讲解是为了考察讲解者的知识面和科学素养, 要求讲解者不断学习, 拓展自己的知识面。针对评委提问, 讲解者要进行精准回答, 重点突出, 层次清楚。讲解者应该熟练掌握两种讲解形式, 展示自己的水平与能力。通常只有两方面都强的讲解者才是称职的、优秀的讲解者。

第五章

科普讲解技巧

讲解是一个解释性的知识传播活动，例如博物馆、科技馆讲解员为公众解释展品及其知识背景。讲解时语言要简洁、通俗、流畅、内容生动，重点内容要分步解释，由表及里，由浅入深，特别是要注意其中的科学要素、科学原理，表述准确、层次清楚、张弛有度，给人以亲切的感觉和获取新知识的快感。

讲解是一个解释性的知识传播活动，例如博物馆、科技馆讲解员为公众解释展品及其知识背景。讲解时语言要简洁、通俗、流畅、生动，重点内容要分步解释，由表及里，由浅入深，特别是要注意其中的科学要素、科学原理的表述准确，给人以亲切的感觉和获取新知识的快感。

　　讲解不能仅靠背诵。应在理解的基础上讲述，解释基本知识、原理和原因。科普讲解不是给人讲课，不要用太专业的词汇，要用大家都能听懂的简单句。科学的知识和思想只有通过与人性化的、有感染力的艺术结合，才有可能被大众喜爱和解读。适当引用科学家的名句有助于拉近与观众的距离。讲解的过程同时也就是传道、授业、解惑的过程，讲解者运用自己的语言，将一定的展陈内容与思想用口语的形式传递给观众，从而让观众接受某些知识、信息。讲解语言的要求是清晰、亲切、自然、流畅、张弛有度。

对于自主命题讲解，由于可以事前准备和练习，相对容易些，而随机命题讲解则需要一定的知识基础、技能和讲解技巧，以及临场发挥的能力。

（一）提高讲解能力

1. 事前精心准备

撰写讲解词是讲解成功的基础。应遵循准确、简明、合乎逻辑的原则，这是讲解者在表达、陈述中的基本要求。讲解词是以展品作为基础，将展品的相关信息告知观众，以达到传授知识的目的。讲解词要做到客观、真实。出色的讲解词，要调动观众的参观情绪，减轻观众的参观疲劳；讲解词应遵循因人施写的原则，针对不同的观众撰写不同的讲解词。讲解词要为实际的讲解服务，要求多为口语，尽量少用书面语。要注意情节的选择，考虑讲解的现场感；讲解者要依靠讲述展览内容，挖掘展品内涵，去感染观众，使观众从中有所感悟，起到潜移默化的作用。

2. 突出重点亮点

讲解是要面对参观者的，用最简单的语言、在最短的时间内把所讲的知识或展品、标本讲清楚是第一原则。用最短的语言回答清楚参观者的提问，将会收到满意的效果。如果讲解的内容是自然科学技术，则越具体越好；如果是社会科学知识或人文知识，最好能对其背后的科学技术知识进行讲解；如果是某一文物、人物或事件，则应注意增加科技知识的内容。同时又要避免专业技术词汇的过度使用。讲解比赛时一定要按照确定的主题进行讲解，切勿跑题。讲解内容选择要慎重，不要涉及未形成广泛共识或没有定论的内容，避免涉及容易引进争议的话题，以免招致意想不到的后果。

3. 多用图片视频

随着新媒体的广泛运用，人们的视觉经验与阅读行为正在发生转向：由基于印刷文本的阅读逐渐转变为基于视觉图像的解读。视觉是人类获取信息最重要的途径，感觉器官传达的 85% 以上的信息来自视觉，大脑中与视觉相关的神经元比例多达 50%。[1] 许多知识单纯靠语言是难以讲清楚的，如果辅之以图片、动画或视频予以演示，形象地表现出来，效果极佳。一图胜千言，图像在科学成果的解释中具有鲜明的优势。罗伯特·洛根认为，新媒体是一种融合媒体，将旧媒体融合一体，不仅对内容融合，且新媒体与传播媒体的复合型组合，决定了科学传播的内容和形式的多样性。随着微视频的广

1 王国燕, 汤书昆. 传播学视角下的科学可视化研究[J]. 科普研究,2013,8(06):20-26.

泛应用，讲解时植入微视频成为新趋势。我称之为"一频胜千图"，借助微视频演示讲解重点，将会收到很好的效果。

4. 巧用态势语言

讲解重在"讲"，态势语言不宜应用过多，保持在礼仪范畴内即可，但巧用态势语言有时可能会收到意想不到的效果。讲解者要站姿平稳，身体平直、自然。讲解与演讲在态势语言运用上是有差别的，演讲要借助一些无声的态势语言，即借助一些面部表情、手势、体态等来完成。讲解对时境的要求较高，需要营造一个参观环境，要有一定的展品作为依托，即便在比赛时也应努力地去营造一种契合讲解的时境。讲解者激光笔要指向屏幕的具体内容，给观众、评委一个明确的方向感。

5. 现场形成互动

讲解的过程中要注意与参观者保持互动，适当向参观者提问，并及时回答参观者的提问十分重要，可拉近与公众的距离。讲解时要轻松、愉快，面带笑容，不能过于严肃，更不能面无表情、不苟言笑。讲解者对讲解内容应该十分熟悉，并做到面对不同参观者采用不同的讲解语言、方法。讲解者为达到一定的讲解效果运用一些技巧主动与参观者沟通，吸引参观者，从而促使这种实践活动能够顺利地开展，达到现场最佳的传播效果。比如，在讲解中可以用若干提示语言："朋友们，请看"，"朋友们，您了解它吗"，"朋友们，您瞧"，等等，从而提醒或再次引起参观者的注意。讲解要增加轻松感和趣味性，在与参观者的互动下，轻松愉快的氛围中完成讲解。

（二）把握关键环节

讲解过程中，务必把握几个关键的环节，从而提高讲解的水平和效果。

1. 营造参观环境

第一印象很重要。讲解者开始讲解时，应首先给观众一种现场感，即虚拟地营造出一个参观环境，凸显自己的职业素养。然后，再把要讲解的内容切进来，这样容易使观众有种身临其境的真实感觉。讲解者可以主动沟通观众，吸引观众，从而达到最佳的现场感和效果。

2. 直接切入主题

讲解应围绕主题展开，紧扣主题，不能偏离主题。简单即美。讲解应从观众熟知的话题开始，进行简单、科学、准确的解释；从观众熟悉的现象开始，揭示其蕴含的科学原理；从大家关心的问题切入，进行详尽准确

的演示。如果较长的时间仍未切入主题，很难成为好的
讲解，也可能使观众失去兴趣，使讲解效果大打折扣。

3. 解释原因原理

讲解就是要通过语言解释科学知识和技术方法，使
观众知晓，解决观众关心的问题。所以一定要在规定的
时间内讲明科学原理、定理。说明技术方法的要领和过
程难度大些，此时务必借助形象的语言和采用举例的方
法进行，方可获得好的效果。专业选手在这方面的表现
远不如业余选手，特别是在随机命题讲解中，业余选手
由于有较好的知识基础和能力，面对不熟悉的题目照样
能从容不迫，进行较好的讲解。专业选手则由于专注自
身专业，有时面对专业以外的题目反而显得茫然不知
所措。

4. 增加现场演示

图片、视频虽然比语言讲解有优势，但是与现场演
示比起来则逊色得多。一位优秀的讲解者的讲解，通常
是有现场演示环节的。"纸上得来终觉浅，绝知此事要躬
行。"现场评委和观众往往更相信亲眼看到的演示结果，
而不是图片、视频上播出的内容。这种现象值得讲解者
特别是参加讲解比赛的讲解者高度关注，增强演示基本
功的练习。

(三) 凸显科技力量

科普讲解以传播科学知识和方法为主，即使是传播科学家或科技工作者的感人事迹，也主要以其科学和技术方面的重大发现、发明为主，以科学知识或技术方法为主，这是科普讲解与其他讲演、宣传教育等活动的不同之处。当然，弘扬科学精神，传播科学思想，宣扬优秀科技人员的感人事迹是受欢迎和鼓励的，但不能偏离讲解主题或跑题，切忌打"感情牌"。

1. 展现科技之美

科普讲解相对于其他讲解有一定的难度，而要做一次精彩的科普讲解是不容易的，需要讲解者认真学习、辛勤付出、长期演练、掌握技巧，练就好讲解能力和良好的心理素质，充分展示科学的魅力。讲解者要充满自信，轻松自如，现场发挥十分重要，无论遇到任何问题和困难，讲解者都要坦然面对。科学是美的，关键要善于发现。科学使我们打开了眼界，改变了我们的生活，改变了我们的思维方式。讲解者要给观众打造一个享受科学之美和获得知识乐趣的氛围。

2. 表现科技之力

培根说："知识就是力量。"但更重要的是运用知识的技能。无数的科学发现、技术发明，使我们的生活水平不断提升，生活更加美好。一系列的发明改变了人类进程，改变了世界。约在 350 万年之前，非洲的原始人类打磨石头，制造了最原始的工具。约在 1 万年以前，新石器时代开始了。人类开始了农耕和放牧生活。火的发明使人类走出茹毛饮血的年代，进入了文明社会。人类文明璀璨的科技创新改变了生活方式和历史进程。例如印刷术的发明改变了人类信息传递的方式，混凝土技术的诞生掀起了建筑领域的一场革新。电的发明使人类进入工业社会，计算机的发明使人类进入了信息社会。

人类历史上经历了四次工业革命：第一次工业革命使机械动力应用于生产活动；第二次工业革命，人类进入电气时代；第三次工业革命后，电子计算机广泛应用，人类进入了信息时代。计算机的诞生最初是为了在二战中破译德军的通信密码，互联网从某种意义上来说也是美苏冷战的产物；第四次工业革命则以物联网、移动互联、分布式能源、生命科技和人工智能为代表，开启了人类新科技革命。

3. 凸显科技价值

科技改变生活，而改变世界的科技，都是如今社会发展最需要的，也是今后人类社会进步与持续发展的需要。科学技术，尤其是计算机、电子信息技术的飞速发展，让电脑、手机、机器人、人工智能成为我们生活、工作的必需品。如果没有手机，人们如何及时进行沟通？如果没有网络，我们又如何随时随地了解天下事？如果没有人工智能的帮助，工作的效率如何提高，美好生活如何实现？科学技术改变着我们的生活方式。科学飞速发展，成为推动历史发展的根本力量。科技也是财富的主要创作者。世界富豪的前 100 名，已经从传统意义上的生产产品、拥有稀缺资源或是销售商品、提供服务的企业家，逐步让位给科技型企业家。

（四）形成风格特点

1. 内容语言和谐

讲解者要注意自己的语言风格和特点，特别要注意语音与所讲解内容的协调，切忌使用播音员式的风格。调整合适音调也是不可忽视的环节。著名主持人赵忠祥为中央电视台《动物世界》栏目所作的解说，具有独特的风格和魅力。著名配音表演艺术家李立宏为年度最火纪录片《舌尖上的中国》所作的解说，嗓音浑厚深沉，音色稳健，具有智者的韵味，其配音的画面与其声音丝丝入扣，浑然一体，一气呵成，特色鲜明。人们听一两句，或者是仅仅听到配乐便知是《舌尖上的中国》。

2. 把握语速节奏

科学内容的讲解，语速一定要适中，快了不好，慢了不行。声音也是同样的道理，语音不要过高，显得不合时宜，讲解不是靠语音音量取胜的，所谓"有理不在声高"。讲解时使用耳麦或话筒，音量要适宜。由于讲解是结合着屏幕上的 PPT 演示文稿进行的，所以要随着屏幕的变化而讲，保持同步与一致。边讲边看屏幕，边看屏幕边讲。

3. 营造舒适意境

讲解是一种语言活动，也是一种语音表达艺术，营造良好的现场环境和氛围，对于讲解效果影响很大。建议讲解者一定要在 PPT 中配上音乐，使讲解内容与所配音乐融为一体，科学内容与经典音乐完美融合，创造一种有利于听的氛围和舒适、雅致的情景。歌手的歌声再美，如果没有乐队伴奏，很难达到完美的程度。讲解也是同理，一定要重视这一点，配上你喜欢、观众也喜欢的音乐，营造舒适的现场环境，为讲解增添雅致宜人的感觉。千万不要不以为然，信不信由你，不配乐的效果肯定不如配乐。

（五）细节决定成败

"凡事预则立，不预则废"，现实中，常常会发生大风大浪可以闯过来，但在小河沟里反而翻船的情况。为此，要注意讲解过程中的每一个细节，消除影响你参加科普讲解比赛的各种隐患。

1. 遵守比赛规定

（1）学习遵守规则

要认真阅读邀请函或比赛通知，熟悉相关规定，按照相关要求进行认真、细致、充分的准备，确保万无一失。

合理用时　讲解要遵守时间，一般是 4 分钟限时讲解（不得少于 3 分钟，超时一秒就会扣分），千万不要超时，要合理使用时间，避免无价值的客套语言及多余的答谢词。比赛时间计算通常采取倒计时法，从 240 秒开始显示剩下的时间，讲解时要用眼睛的余光扫一眼剩余的时间，注意提示声音，通常在剩下 15—30 秒时会有声音提示，这时要马上终止讲解。超时扣分会使你因小失大。

规范讲解　用规定的耳麦、激光笔和遥控器独立完成讲解，不得由他人代替操作 PPT 或视频。佩戴耳麦，可以释放讲解者的双手，有助于做一些简单的辅助动作，用激光笔指向某个点，引导公众去细心观察展品、图片或视频等，这是专业举动，远胜于用手泛泛指向。这也是精准讲解的一种体现。

辅助解释 借助小道具、比喻或其他形象的方式辅助讲解，可以显示你的专业精神和敬业态度。在高水平的竞赛中，任何的失误都可能扣分，从而与获奖失之交臂。

遵守规则 严格遵守各项规则。为了体现公平性，任何违反规则的行为都将被扣分。特别提示：讲解开始后，无论出现什么情况，麦克没声音了、屏幕不动或黑屏了，等等意外情况，比赛中的讲解者都不得中途自行停止或退场，退场即视为弃权。除非主持人、评委提示你可以中止讲解，否则千万不要停下来。

(2) 制作介绍视频

讲解开始前，通常会播放讲解者的 20 秒自我介绍视频。20 秒视频务必包含以下重点内容。一是说明你的单位及姓名，二是讲解题目，三是你的特长和优势。这是一个巧妙的安排，充分利用选手退场与出场的时间，也是讲解的预热阶段。讲解者一定要利用这个机会充分展现自己，让大家了解你，对你感兴趣。讲解者借助微视频进行自我介绍，这样也可节省时间，直奔主题讲解。

所以你实际上有 260 秒的自主命题讲解时间。

（3）巧妙设置情景

一般讲解者不设置讲解情景时，就默认是普通场合，按照对普通观众的要求讲解即可。如果你的讲解内容适合特定观众，可以事先口头设定一下情景，然后按照相应的内容与语气讲解。对小学生应该务必注意，用小学生熟悉的语言、多用启发式的话语。对于老年人同样要设定情景，采用慢语速、高声、大图等方式讲解。采取情景设置的方式是会被鼓励和会被加分的。这是对讲解者能力与素质的精细考验。

（4）细分观众类别

观众是多种人群组成的，不同人群有不同的喜好，不同人有不同偏好。所以，讲解者要注意细分观众类别，选择有差异的内容与语气进行讲解，力争赢得各种人群的好感与喜欢。

青少年　如果观众是青少年，则应适应他们年轻、活泼的特点，语速快一点，内容多一点，讲黑科技、最新产品、用时尚流行音乐配乐，用些网络新词、符号、微表情、短视频等增强吸引力。

企业职工　如果观众是企业职工，重点要放在技术方法、实用价值上，与生产实践和生活常识相联系，可以使用道具辅助解释，增强直观性。

社区居民　如果观众是社区居民，按照一般观众讲解即可。社区居民的构成复杂多样，高手在民间，讲解内容要严谨，解释方法要到位，最好与生活相结合，帮助社区居民了解新的生活科学知识与实用技术方法。

农民　如果观众是农民，则讲解要用朴实的语言，举例要接地气，简短直接，通俗易懂，老少皆宜，配上比较火的乡村音乐，用点谚语、俏皮话，开开玩笑、逗逗乐，制造点笑点与掌声。

公务员　如果观众是公务员，这是高素质群体，内容要高端、大气、上档次，让他们觉得值得听、愿意听，能弥补其知识短板，进行一次"微充电"。要讲科学研究前沿、技术最新进展，科技热门、黑科技话题。配置的音乐要高雅、经典。

部队官兵　这是一个特殊群体，也是科普的重点人群。针对这一群体，讲解内容要聚焦《中国公民科学素质基准》，讲基础科学知识、军事科技进展、最新兵器、重要技术方法，侧重方法传授。科普讲解在部队中很受欢迎，科普讲解内容、方式、效果得到了部队的高度认可。中央军委科技委十分重视科普讲解大赛，认真组织各军兵种参加预赛，选拔解放军和武警优秀选手，系统培训参赛选手，在 2017—2021 全国科普讲解大赛中连续 5 年斩获冠军。

（5）提前测试设备

开始讲解前试用一下设备十分必要，避免因设备故障影响个人发挥。先试试耳麦，确保正常发声，麦克适当试试音量，提高或降低音量。试试翻页器与激光笔，找到对应的按键，确保正常使用（不同的激光笔按键位置是不同的），把要使用的道具等提前都放置好，一切准备工作完成后，再告诉主持人你准备好了。当主持人问你，"请问 ×× 号选手，你准备好了吗？"要这样回答"谢谢主持人，我准备好了。"激光笔是用来精准指向的，很多选手只用翻页器功能，很少使用激光指向功能。实际上激光笔可以精准指向讲解内容，有助于吸引观众，且往往指向的是关键内容，如果不用激光笔指向，一般观众不会注意这些内容，那是很可惜的，也是不够专业的体现。如果采取自动播放模式，务必要常回看一下屏幕，确保讲解与屏幕播放内容同步。

2. 展示美好形象

"爱美之心人皆有之"。美学就是研究人与现实之间审美关系的一门学科。在现实生活中，到处都存在着美。现实中的每个人都爱美、欣赏美，享受陶醉于美的感觉，无论是语言、图片、文字、环境，还是人的外貌、气质、着装、举手投足等，都可以成为审美的对象。人类的审美活动与标准在不断地变化与发展，每一个现实中的人都爱美、追求美、创造美，这也是美好生活的重要组成部分。罗丹指出"美是到处都有的"，车尔尼雪夫斯基则指出"美是生活"。

对于以眼睛和耳朵为主要审美器官的人来说，外部世界的三种自然属性——色彩、形体、声音，是具有审美意义的属性，是可以传达和获得某种感情意味的属性。讲解者在科普讲解中也要注重塑造美、展示美、传播美。科学知识与美的传播同步，实现各美其美、美美与共。

(1) 着职业正装

讲解者站在讲解台上，着装对讲解效果起着很重要的作用。着职业装可以显示自己敬业的态度，展示自己职业的良好形象。着平时工作装，则会显得亲切、自然，不会带来紧张和不适感。优先推荐讲解者选用职业装，按照季节选择相应的职业着装。正式着装要熨烫平整、大方得体，显得精神焕发，富有朝气。

职业装可以展示职业特点，凸显对讲解的重视，也符合平时着装习惯。科普讲解内容是科技知识，职业着装与讲解内容比较般配。在比赛现场，注重着装是赛事的基本要求。不同的场合对着装要求是不同的。登台讲解是一种重要的场合，众人瞩目之下，每个人都会对你评头论足，着装可能是别人议论最多的话题，因此务必要选择最能展现最好的你的服装，给大家留下好印象，着装是给人的第一印象。

(2) 配简单饰品

讲解是一种语言、动作和形象结合的艺术活动，讲解者在传播知识的同时，也要展示自身的美，塑造传播者的良好形象。

佩戴饰品能够起到画龙点睛的作用，给女性们增添靓丽色彩。饰品应尽量选择同一色系，最关键的就是要与你的整体服饰搭配。女性讲解者可佩戴一些小饰品，增加美感，可以起到很好的衬托效果。如果着正装，可以佩戴胸针、耳坠等。

如果着时装，可以系丝巾、靓丽的腰带等。若是紧身装、运动款等可以佩戴艳丽的发带，洋溢青春气息，寓意爱好运动、充满朝气，等等。

领带是男士最好的饰品。若是着职业装，佩戴徽章当然也很好。着装要搭配好，着西装不要穿运动鞋，同样着运动装不要穿皮鞋。着正装不要戴帽子，不要戴墨镜上台讲解（盲人和眼疾患者除外）。

（3）淡雅非艳丽

着装一定要淡雅，切忌过于艳丽。具体到不同的人则各有不同。

爱美是女性的天性。女性的着装是丰富多彩，千变万化的，在任何场合，女性的出现都会成为一次着装"发布会"，每位女性都会选择展现自身美的着装，每个人都是最好的着装专家及美的欣赏者。淡雅的风格也能衬托女性讲解者的美，每个女性都希望自己的着装是美的，能吸引别人的注意。

提到着装问题，不少选手就感觉比较为难或困惑，建议选择浅色的服装，给人以清新的感觉。浅色的服装比较好搭配，可以变换各种组合。要彰显着装个性，避免"撞衫"。讲解台是大雅之堂，细节不可忽视，包括鞋袜手套等的搭配，如袜子以透明近似肤色或与服装颜色相衬为好。

着装要根据讲台背景取舍，不要与大型背景版颜色相同（职业着装除外），色彩要与讲解内容吻合，大红大紫不是好的选择，所以切忌艳丽的服装，因为这会有点喧宾夺主的感觉，没准还会分散某些观众、评委的注意力。正式、重要的场合，黑色皮鞋永远是最佳，与任何服装都相配。

3. 妙用情景配乐

音乐是一种艺术形式和文化活动，其媒介是按时组织的、有规律的声波。它的基本要素包括强弱、调性、时长、音色等。不同类型音乐可能会强调或忽略其中的某些元素。音乐是用各种各样的乐器和声乐技术演奏的，分为器乐、声乐以及将唱歌和乐器结合在一起的作品。音乐用有组织的乐音构成声音形象来表达人的感情。音乐的声音形象作用于人的听觉，使听者产生一定的联想和想象，进而在自己的头脑中形成一定的富有情感的意象，在情绪上受到感染和陶冶。和谐而有规律的乐音可使人感到悦耳动听，有助于好心情和健康。如果讲解中完全靠自己的语言不用音乐伴讲，讲解效果难免有些逊色。

选配合适音乐　讲解时最好配上合适音乐。在轻松、愉快或者你喜欢、熟悉的音乐下讲解是惬意的，音乐用来营造适宜的氛围，也可使语言增加感染力。许多选手对此不以为然，但是一到赛场上，听到其他选手在配乐中的精彩讲解，就后悔万分，最后的结果是可能进入不了第二轮，或者进不了半决赛。

清讲绝非明智之举。其实仔细想想，如同再好的歌手唱歌也会配乐，不敢清唱一样，再好的讲解者如果不配乐讲解，也会使讲解效果大打折扣，难以产生完美的感觉。悦耳的音乐能给你带来诸多好处，也使你在讲解中可以静下心来，在你喜欢的音乐陪伴下更加专注地讲解。对观众来说有配乐也比没有音乐要感觉更好。

营造适宜氛围　音乐具有神奇的效果。强烈建议你讲解时要配乐讲解，事先选择合适的音乐，随讲解一同播放，音乐可以营造你熟悉的氛围，提升讲解效果，也可以吸引观众。

分散评委压力　退一步讲，万一你讲解的内容观众或评委不感兴趣，但是有美妙音乐听，也会使观众和听众静下心来，缓解现场氛围。

引导观众欣赏　观众是千差万别的，听久了讲解难免走神或分心，遇到不感兴趣的内容，就可能分心做其他事或翻看手机、微信。如果你配的音乐是他喜欢的经典名曲，则会营造一个好的意境，激发他的兴趣。奥运会、世界杯、各种大型活动的入场式，也是世界名曲欣赏会，在欢快的乐曲下，入场式就非同一般了。

增加计时功能　配乐的播放也可以起到提示时间的作用。对于讲解中的你来说，进入讲解状态中，特别是亢奋之际，会口若悬河，侃侃而谈，结果大概率会超时。这样的例子经常出现在决赛现场表现优秀的选手身上。

播放音乐同时还有帮助计时的功能。如果使用你熟悉的音乐，你肯定可以记住播放到 225 秒的旋律（按照 T-15 公式（T 是时间），假定限定是 240 秒，或者是离结束时间还剩 15 秒时），这时马上结束讲解是最明智的选择，因为往往你不会看计时器。

4. 模拟场馆讲解

讲解是一种传播知识的活动。选手讲解时一定要动起来，应该一边讲解，一边自然走动。讲解是静与动的结合，将在博物馆里的讲解活动搬到讲解台上，尽可能再现在博物馆讲解的场景，营造博物馆的讲解动的情景。

合适站位　不同的场所讲台是不同的，讲解者走上讲解台，一定要首先选择好合适的位置站立。最好是站在讲台的中央靠前的位置，正对评委组长或一排中间位置。当然这也要因人而异，如果你是身材高大的选手，则可以稍微靠后站一点。

不要站在靠边的位置，显得不够自信；也不要离评委或观众太远，以至于另一边的评委或观众看不见你、看不清你，这样会降低你的讲解效果。如果舞台很宽大，讲解者一定要往前站立，免得显得有些矮小，评委或观众看不清楚。如果舞台较狭小，则尽量离观众与评委远一点，避免造成压迫感，也可以给自己留出走动的空间。如果舞台较高，一定要靠后站，避免讲解过程中不慎跌落。

　　适度走动　讲解本质上就是一种活动，是一种边讲边走的活动，是一种模拟博物馆讲解的活动。

　　如果讲解者一上讲解台，就站在一个位置上一动不动，会显得过于紧张，呆板，不自然，讲解效果也会打折扣。

　　讲解者应尽量再现在场馆内讲解时的状态，在博物馆里，讲解员要引导参观者走动，依次观赏不同的文物、展品，从东到西，从南到北，从远到近，从近到远，边走边讲。在讲解台上，展品在屏幕上依次切换，所以讲解者要走动着讲解不同展品，而不能站着不动讲解，那会显得有点呆板，削弱听讲解的感觉。

　　吸引目光　讲解台上展品换成了屏幕，讲解者要注意随着内容的变动，在讲解台上自然走动，引导观众的目光随着内容移动，这样才显得亲切、自然。讲解者要使用激光笔（翻页器）指向重要内容和关键点，这也是一种动，定向的动，也可以产生动感，丰富讲解效果。如果始终不用激光笔，会显得讲解者不够专业，或者起码不够敬业。

　　产生动感　应该再现在场馆讲解的状态，随着讲解背景的变化，自然地在讲台上走动，营造一种动感，吸引观众的注意力，营造时空的变化，在内心引起共鸣。为了亲近评委、观众，要尽量出现在不同位置、区域的评委和观众面前，既是一种尊重，也是职业素质的一种体现。这方面，歌星为我们做出了好的示范，也学学他们的方式，走动着去赢得观众、评委的好感吧。

动静融合　如果一直不停地走动效果也不好。讲解是个动静结合的活动，静与动都要适度，这样的效果最佳。对于新选手，动几次好呢？可以采取（T-1）的方法（T 是时间）。就是如果限时 4 分钟，你走动 3 次就可以了。对于职业讲解者或讲解高手，则可根据讲解内容的需要走动，就没有一定之规了。

讲解不同的内容时，对动与静有不同的要求。讲解严肃的内容和关键要点时，保持静的状态是必须的、是主要的。

以动为辅　动是讲解的必要环节，也可以吸引观众注意力，产生动感。讲解轻松、有趣的话题时，保持动和变化又是必要的，能够活跃现场气氛，调动观众兴趣。如果讲台比较大，可以动得多些。

动静切换　不同的讲解者有不同的特点，不同的讲解内容也有不同的要求，任何讲解都是静与动的结合。讲解者要认真观摩，探索出适合自己方式，要寻求静与动的平衡与和谐，给人以在博物馆参观的那种感觉。

5. 紧扣主题结束

讲解结束语通常采用引导式、启发式、反问式。因为讲解在有声语言的运用上多是采用口语的形式，所以，它的结束语不宜有跳跃感，不可偏离讲解的内容，要根据讲解内容循循善诱。在讲解比赛中，由于比赛一般有明确的主题，因此在讲解结束前再次紧扣主题十分必要，绝非画蛇添足。在平缓、意犹未尽的气氛中结束是最好的。

记住，不要再说"谢谢"或"谢谢您的聆听"之类的话，别打断大家的思绪，深深鞠躬是最好的致谢。

(1) 平常心态

讲解是人人都应学习掌握的技能，所以，刚开始讲解的初学者，一定要放松心态，不要紧张，别太把上台讲解当回事，万事开头难，开了头就不难。按照你平时的讲解状态，勇敢地开始讲解就可以了。

要找到好的感觉，主动给自己良好的心理暗示，别人能讲我也能讲，没准我的讲解更精彩呢，我现在"感觉良好"。你肯定已经观摩过不少选手的讲解了，那么不管怎样，开始讲解就行了。

登台讲解对每个人来说，都会有些紧张，担心这或那出差错，其实，这可能是缺乏自信的表现，有点杞人忧天。建议你专心不要分心想其他事情，最好在比赛期间关闭手机，不看新闻、不看朋友圈，多听听舒缓的音乐，不为杂事分心。不要想得太多，那只会影响你的良好发挥。

(2) 与众不同

想要讲解体现你的能力和水平，就要认真设计好的开场白，吸引观众的注意力。特别是要设计与在你之前出场的选手不同的、出乎意料的开场白，内容要新颖，多讲观众不熟悉的内容。用动人的语言触动观众，用精美的图片吸引观众，用优雅的音乐征服观众。再辅之以科学语句解释，实现完美讲解。

光自己讲述是不够的，最好借助著名案例来证明自己讲解的科学性，引用名人名言，知名院士、专家的评价，增强讲述的权威性。展现自己所讲内容上的专业水平和牛辧程度，也是一种好的证明方式。要与其他选手有所差别，证明你是专业人员，或是专业级的爱好者。

差别就是矛盾。既然讲解就要充分准备，轻易不出手，出手不一般。别人会的你要做到强，同时尝试新的讲述方式或解释方法，出奇制胜。天道酬勤，只要你用心去做，肯定可以找到独特的办法，帮助你在讲解中胜出。

(3) 沉着应变

无视干扰　在讲解比赛过程中，兴许会出现各种意想不到的突出事件，例如，麦克没声音了，PPT 没有播放出来，翻页器、激光笔没电了，现场响起手机铃声或有人大声接电话，这时选手一定要沉着、冷静，不要被干扰，不要发火，当作什么也没发生，继续进行你的讲解。要有成熟的心态，克服各种干扰，千万不要自行中止讲解，否则会被视为弃赛。

镇定自若　记住管好你自己，其他的难以预料之事你不必埋怨，为之分心。因为意外是谁也不希望出现的事。遇事不慌，淡然处之，继续你的讲解，如果你有如此表现，就可以放心自己的得分了，因为评委看到了你的良好心理素质和参赛态度，通常会给你打出比正常高的分数的。

善解人意　无论平时从事讲解，还是参加讲解比赛，主办方或主持人、评委都可能会向你提出一些问题或要求，这时你一定要尊重对方，首先感谢他（她）的关注或提问，然后认真礼貌回答他们的问题，按照他们的要求去做，表现出服从与合作的姿态。尊重与善于合作的姿态很重要，好处是不言而喻的，千万不要不以为然，骄傲自大是大忌。

（4）言多必失

用足时间　讲解通常有时间限制，要在限定的时间内完成讲解，不要超时。超时要扣分的，超时也反映出你平时练习时不够精准。所以一定要按照平时的练习进行讲解，正常发挥，用足时间。尽量避免临场发挥，临时增加内容和词句。

巧用规则　讲解开始时，最好一上台就鞠躬致谢及问好，一旦主持人说开始讲解，就直接开讲，千万不要再问候评委和观众了，更不必说"我今天讲解的题目是××××××"那是多余的话，没用的话。因为主持人已经宣布了，屏幕上也显示着呢！到该结束讲解时，千万不要说客套话，或者再致谢评委和观众了，没准说这些话你就超时了。我作为评委，看到一些选手讲解得十分精彩，但是却败在自己的多余客套致谢上，为他们超时被扣分感到十分惋惜。言多必失，可能会使你与竞赛获胜失之交臂，悔之莫及。其实这时你只需要鞠躬致谢，深深地鞠躬就是最好的致谢。但是不要说出来，明白什么是"此时无声胜有声"了吧。

留有余地　自主命题讲解要为自己留出时间，绝对不能超时。超时说明还是缺乏经验，在比赛现场控制不住自己了，或者是紧张所致，或者是追求完美造成的，认为自己讲解得很好，加说几句致谢的话，奢望给评委留下好印象，得分再高一点。"聪明反被聪明误"，忘记了见好就收是最最可惜的事，也与你不熟悉规则，没利用好规则有一定关系。学会见好就收，才能脱颖而出。

（5）充满自信

良好心态 只要是比赛就会有赢输，就会有水平高低之分。选手不能因为高手如林就怯场，不能因为有高手在自己前后出场就慌张。保持良好心态，坚信你是最好的，发挥出自己的最佳状态就好。充满自信，要体现在你的表情上，展现在你的气势上。充满自信，兴许会给你带来不一样的惊喜或收获。

知难行易 做任何事，一定要预料困难，知道难度，有备而来。多想难度与困难，降低心理预期，减轻心理压力，这样反而会轻松顺利完成讲解。充满自信不是盲目自信，而是树立正确的心态，不以输赢为目的，重在参与、体验与表现。

临场发挥 在讲台上要尽全力来表现最好的自己。要忘记自己是在讲台上，用虚视目光视台下没有观众，进行自如的讲解，也可以当台下都是你的拥趸者，开心地讲解，从而保持自信、充满信心，超常发挥。有备而来，有备无患，有了充分的准备，才能赢得比赛的胜利。

正如同伟人毛泽东指出的"在战略上要藐视敌人，在战术上要重视敌人"。

"宝剑锋从磨砺出，梅花香自苦寒来"。科普讲解以其独特的形式和魅力赢得了社会各界的喜爱和关注，科普讲解成为科普场馆的一张名片，科普讲解将诸多的科普展品生动、形象地展现给公众，各界人士也加入讲解中，充实了讲解人才队伍，提高了科普讲解层次与水平。科普讲解和演示使科技体验活动变得饶有趣味、吸引了公众的兴趣。

我国讲解者构成发生了较大变化，越来越多的大学本科毕业生，硕士研究生，甚至更高学历的年轻人走上讲解岗位，提高了科普场馆的讲解水平。一些科技人员、专家也开始兼职从事科普讲解，发挥其专业优势，展现了科普讲解的魅力。科普讲解水平的不断提升，为科普场馆增添了活力，吸引了更多的参观者，扩大了科普场馆的影响。

科普讲解的广泛流行，备受各类人群、社会各界的喜欢和参与、推崇，也说明了一个道理，科学传播需要适应变化了的社会，与时俱进，需要改变以往动辄就举办科普讲座的方式，科普不再是单方面传授的过程，而且双方参与、传播的过程。在深入实施创新驱动发展战略，实现自主创新，科技自立自强，建设世界科技强国的新征程中，必须借鉴世界科技强国的普遍做法和成功经验，按照习近平总书记重要指示，把科学普及摆在与科技创新同等重要的位置。大力加强国家科普能力建设，加强科学普及和科学传播，培育有利于创新的肥沃土壤和文化环境，促进我国经济实现高质量发展，实现中华民族伟大复兴。

达尔文在《物种起源》中说"不是最强大的物种得以生存，也不是最智慧的物种得以生存，而是最适应于变化的物种得以生存""存活下来的物种，不是那些最强壮的种群，也不是那些智力最高的种群，而是那些对变化做出最积极反应的物种"。物竞天择，适者生存！

科普讲解就是适应变化了的传播而出现的一种新型科学传播方式，它将流行起来。

小结：本章主要介绍了练就讲解技能、凸显科学内涵、讲解关键环节、展示科学之美、形成风格特点等科普讲解技巧的几个关键要素。细节决定成败，讲解者一定要充分注意，加强练习，从而在讲解中不断进步、不断提高讲解能力；在交流中相互学习，练就讲解本领；在竞赛中取长补短，成为讲解专家。

第六章

如何组织竞赛

组织科普讲解竞赛，是推广科普讲解的有效形式，是提高科普讲解水平的重要途径。组织科普讲解竞争包括印发通知，公布随机讲解命题，组织预赛、复赛或决赛、领奖仪式等内容。科学设置竞赛内容，选择专家评委及主持人十分关键。为保证竞争公平公正公开，竞争活动要接受纪检监察部门监督，或请公证处予以监督公证。

随着科普讲解在全社会的流行，越来越多的地方、部门、科研机构、学校、企业开始组织科普讲解竞赛活动。国家体育总局、国家广电总局等部门加入到全国科普讲解大赛活动中，一批体育工作者，乃至奥运冠军、世界锦标赛冠军、广播电视台的主持人等参加科普讲解竞赛活动，从而使科普讲解活动影响力和知名度不断提高。2023 年，上海交通大学举办了全校科普讲解大赛，知名的上市公司科大讯飞举办了公司科普讲解大赛，参加科普讲解大赛，在大赛中获奖成为许多年轻人的目标。

那么如何组织好科普讲解竞赛活动呢，这是不少主办部门和承办机构遇到的一个问题，也是一个难题。在此，为大家提供一个基本的组织方案和路线图，供大家参考。

（一）印发竞赛通知

1. 起草竞赛通知

举办科普竞赛活动，应该首先确定主办单位、承办单位，其次确定竞赛主题，第三是确定竞赛内容，通常包括自主命题讲解、随机命题讲解，科技常识测试、评委提问四方面内容。最后确定参赛人员范围、不同阶段竞赛时间安排、报名时间及其他事项等。

为了使选手有充分的报名时间和进行必要的准备，竞赛通知通常应该在距竞赛举办一个月以上的时间发出，除了发文涉及的相关单位，也应该通过媒体广而告之，吸引更多的社会选手参赛。

2. 接受选手报名

竞赛通知发出后，就开始接受选手报名，主办方通常会要求选手填表报名，并提供 20 秒自我介绍视频，这有助于组织方、评委、观众了解选手的基本情况。如果报名参赛选手过多（超过 100 名），可以要求参赛选手提交自主讲解视频，由组织方邀请评委进行视频初评，筛选出水平相对较高的选手参加复赛，这样既能提高竞赛水平，也减轻了现场竞赛选手过多、时间过长带来的压力，提高竞赛水平和质量。

3. 科学设置议程

进行科普讲解竞赛，应该科学合理地设置赛事议程，通常应该包括：

（1）主持人的开场白

（2）所有选手出场亮相

（3）奏唱国歌

（4）领导致辞

（5）宣传比赛规则

（6）比赛开始

（7）评委商定打分标准（通常在第 3 或 5 名选手讲解结束后）

（8）评委点评（全部选手讲解结束后，最终结果未出来前）

（9）宣布竞赛结果并为获奖者颁奖

（10）所有选手、评委、领导合影留念。

4. 首先组织初赛

初赛是为了选拔出优秀的选手参加复赛乃至决赛。初赛内容一般分为自主命题讲解和随机命题讲解。自主命题讲解是考核选手讲解水平与质量。随机命题则是考核选手的知识面和应变能力。选手必须按照组织方的要求，提前学习熟悉随机命题的内容，进行正确讲解。只有自主命题、随机命题都讲解得好的选手才能胜出进入复赛。若参赛选手过多，可以分组进行初赛，各自选出本组的优秀选手。

选择合适的主持人。为了保证比赛的正常进行，通常应选择两位主持人主持，最好男女各一位，效果最好。主持人正常、规范的主持对比赛的顺利进行十分必要。也有利于活跃赛场氛围。广播电视台的主持人是较为合适的人选，以往讲解大赛的优胜者，十佳科普传播使者也是不错的选择。

所有选手应该提前走场热身。为了丰富舞台效果，最好在开始比赛前，安排所有参赛选手出场亮相，既可以使选手熟悉讲台，也是很好的热身，同时也有助于评委和观众了解所有选手，做到心中有数，增强打分的精准性。

随机命题的选取可以采取不同方式进行

一是从 10～20 个滚动出现的随机命题中随机抽取一个题目，在 20 秒准备后开始讲解。

二是列出 1～30（或 40、50）个数字，由选手任意选取一个，在 20 秒准备后进行随机讲解。随机命题应该由图片和文字组成，并且事先公布，供选手进行准备。

三是应该注意，为了避免一个题目多次出现，降低讲解内容的有效性，也避免出现审美疲劳，通常在一个随机命题被抽取 3 次后，就应该从题库中取消。这也会使竞赛更为公平，避免选手参考其他选手的讲解内容，也使公众了解更多新知识。

5. 组织复赛决赛

组织复赛、决赛，参赛人员是从初赛中胜出的选手，此时竞赛内容包括自主命题讲解、科技常识测试、评委提问 3 项内容。科技常识测试是考核选手科学素质水平，测试内容从《中国公民科学素质基准》配套的 500 道题目中随机选择 2 题，采取答对不扣分，答错一题扣一分的方式进行。专家提问是考核选手的知识水平及对讲解内容知识的掌握程度，内容限定为自主讲解内容。如果是靠背诵的选手，此时会遇到一定的挑战。而具有较好知识储备的选手则会具有一些优势。

(二) 选择决赛评委

1. 选择初赛评委

初赛评委的选择一定要范围宽一些，应该选择具备副高级职称的副教授、副研究员、副编审等，熟悉科普讲解，至少应由 5 位评委组成，最好是 7 位评委，应该坚持一个区域和单位最多出一位评委的原则，从而保持竞赛的公正公平公开，避免过度偏向某个地区或部门等。为了保证比赛的公正性，应该请评委签署诚信承诺书。评委的打分一定要去掉最高分和最低分，将剩余评委的分数相加再除以评委人数，从而得出选手的分数。超时、缺时及其他应该扣分的环节由工作人员及监督组负责，评委不必考虑这些内容。

2. 选择决赛评委

决赛评委的选取，要综合各方面要求确定，一是要选择正高级职称的教授、研究员、编审等；二是应该熟悉科普讲解的专家，并具有一定的社会知名度；三是评委人数至少由 7 名专家组成，必须担任过省级或部门科普讲解大赛的专家，同时要考虑专家的知识背景，学科分布以科技专家为主，女性专家不低于 30%；四是目前省级科普讲解大赛和部门科普讲解大赛，通常选择院士担任评委组长。

3. 评委提问选手

当参加复赛或决赛选手的选手进行完了自主命题讲解和科技常识测试后，就要进行专家提问。评委只能就选手自主命题讲解的相关内容进行提问，不能过度偏离选手讲解内容，也不宜提过于高深的问题。选手只需要对专家提出的问题进行简单回答即可。需要提醒的是，组织方事先要告知评委严格控制提问范围和知识难度，针对选手的知识背景决定难易程度。这是科普讲解竞争，不是博士生入学面试。

4. 评委专业点评

专家点评对参赛选手十分重要和必要，是不可缺少的环节，点评专家应该对选手的表现进行客观、积极的评价，表扬其出色的表现，同时指出普遍存在的一些问题，并对今后如何进行出色的讲解提出具体的建议。若时间充裕，最好每个评委都进行点评，最后由评委组长进行全面、综合的点评。若时间有限，则可由评委组长进行点评。点评时，评委应该尊重每一个选手，对优点的肯定可以具体化，对存在的问题和不足，则应该虚化，不宜具体到某个选手。主要是表扬和鼓励参赛选手，同时提出有针对性和价值的建议。

5. 加强竞赛监督

为了保障竞赛的科学性、公正性，组织方应该请同级纪检监察部门派员监督竞赛的全过程。通常应该在现场宣布竞赛规则与有关规定，同时接受社会监督，维护竞赛的声誉与权威性。

若有条件，可以请当地公证处派员监督，赛前宣布对竞赛进行公正性监督，在竞赛结束后，对竞赛结果予以公证。若邀请公证处派员现场公证，通常要提前 2 周左右的时间提出申请，主办方或承办方要注意提前联系公证机构。

（三）竞赛条件保障

1. 选择合适场地

进行讲解竞赛，一定要选择一个中型及以上的礼堂或展厅、多功能厅进行，能容纳 100 人以上的场地也可以，电视台的演播厅是很好的选择，近年来，河北省科普讲解大赛一直在河北广播电视台演播厅举办，并进行现场直播，效果很好。场地应该有较大型舞台，并且具有一定的高度，起码 60 厘米以上。

2. 配备基本设备

现场应有大屏幕或者设置大屏幕，配备高品质的音响及灯光齐备，配备辅助电视屏幕 1～2 个在选手的前方，一个是时间倒计时，一个是同步播放讲解 PPT 或视频。时间倒计时应该以秒为单位，例如，从 240 秒开始倒计时，这样选手清楚地知道自己还剩下多少时间，或者是分秒结合的方式，例如 4 分，3 分 59 秒……，要为选手准备 2 个以上的耳麦、激光笔翻页器，同时准备放置简单道具的桌子等。

3. 商定打分标准

竞赛开始前 30 分至 1 小时，组织方要召集所有评委开会，确定评委组长，由组长组织专家商定打分原则及标准。为了确保打分标准一致，通常选择先不打分，在前 3～5 名选手讲解结束后，专家开会确定打分标准后再打分。然后在每个选手讲解结束后，当场打分。评委必须独立打分，工作人员一定要在全部评委都打完分后再统一亮分。不能某个评委一打分就亮分，评委在打分过程中不能看到其他评委的打分结果。评委最好为 7 名或以上，一定是单数。评分结果一定要去掉最高分和最低分，保证公平公正公开，避免个别评委的打分影响选手竞赛成绩。

4. 公平公正公开

这主要是对评委的要求，主办方或承办方评委要事先要求评委签署声明，保证公正公平公开，坚持原则和标准，对每个选手一视同仁。在打分过程中，评委也要参照其他评委的打分结果，动态调整自己的打分标准，避免与其他评委差距过大。但是，若评委认为自己的标准没有问题，那也要尊重评委的独立打分权。

(四) 表彰奖励选手

1. 科学设置奖励

对于参赛选手进行适当的奖励，是调动公众积极参赛的有效手段。根据各类比赛参赛人数的不同，建议奖励数量控制在 15～25% 之间。全国科普讲解大赛参赛选手数量是由参赛单位数量决定的，通常是 2～3 人，个别地方和部门是 6 人，总人数一般不会超过 300 人。目前是分三个组进行半决赛，每组的前 10 名进入总决赛，总决赛的前 10 名为一等奖，11～30 名为二等奖，每组的前 11～25 名为三等奖，获奖人数为 75 名。当然单项奖通常产生在前 75 名中。

2. 给予表彰奖励

选手参赛是有很多付出的，主办单位能提供适当的物质奖励，对调动公众参与科普活动，从事科普事业会发挥良好的引领示范作用。对此各个地方及部门采取了不同的奖励方式。全国科普讲解大赛对获奖选手颁发奖杯和证书，并发文公布获奖名单。许多地方和部门普遍采取了颁发证书、奖杯，发文公布获奖名单的方式。全国科普讲解大赛承办方曾经对获奖选手奖励了华为手机。有的地方也募集了部分奖品奖励给获奖选手。军队（含武警部队）对获得全国科普讲解大赛奖励的选手给予了记功的表彰。成都市科技局联系市总工会，拟对年度科普讲解大赛第一名授予五一劳动奖章。目前许多地方部门开始评定科学传播或科普职称，在不同级别的科普讲解大赛的获奖者，应该在职称评定中予以加分或优先，也是重要的激励方式。

一些地方、部门还组织获奖选手进行巡回讲解，或在部分重大科普活动中进行科普讲解表演，收到了很好的效果。

我们处在一个快速变化的社会，互联网和人工智能技术的不断创新和广泛应用，ChatGPT 的出现，机器人的广泛使用，使得不少人开始为自己未来的职业担心，下一个被取代的会不会是自己。在博物馆、科技馆、美术馆等各类展厅中从事讲解的人也有同样的担忧，智能机器讲解员也许会在某一天上岗，它的优势是一般人难以超过的，它无所不知、无事不晓，态度和蔼，服务热情，不知疲倦，经久耐用，还不用支付工资和加班费……如此多的好处，足以让博物馆、科技馆、美术馆的经营者做出选择。

人不是机器。讲解人员一定要顺势而上，充分发挥人的特长与优势，针对参观者或听众、观众的个性需求，提供精准、专业、高质量的讲解，满足不同参观者和听众的好奇心与兴趣，让参观者和听众获得充分的获得感、喜悦感、幸福感。那平时的你就应该对未知的一切感兴趣，多读书、善读书、读好书，开卷有益，在知识的海洋里遨游，你会获得意想不到的收获。

我喜欢出行，我觉得行万里路的作用和价值不亚于读万卷书。行万里路后，读书的愿望会更强烈。多年来，作为旅行达人，无论是出差、会议、讲学、担任评委还是旅行，我喜欢早搭乘航班离开京城，中午前到达国内的目的地（到达国外目的地通常也是上午），一般我会选择当地的科技馆、科技类博物馆或者科普基地参观考察（我常常会放弃午餐，或者用简餐，以便挤出宝贵的参观时间），我可能也是参观科技馆、博物馆较多、频率较高的人，我聆听了无数的讲解员的精彩讲解，学到了许多新知识，从而认识了许多新藏品、展品等，我觉得真应该为他们做点什么，策划和推出全国科普讲解大赛便是我的一个小小的回报吧。全国科普讲解大赛今年进入第十年了，十年来，科普讲解成为十分流行的科普方式，无数人参与到科普讲解的行列中，讲解的内容越来越丰富，讲解的方式越来越多样，讲解的水平越来越高，讲解的效果越来越好。科普讲解满足了公众对科学和美好生活的向往与追求。新时代的科普需要创新，科普讲解是科普创新的一个尝试，越来越多高水平选手的参赛，会使科普讲解更加精彩，更具观赏性。公众的科学文化素质也会越来越高。

"千里之行始于足下"，从现在就开始你的讲解吧。

讲述科学、诠释万物，科普讲解，你我同行。

《中国公民科学素质基准》

科技部　中宣部关于印发
《中国公民科学素质基准》的通知

国科政〔2016〕112 号

各省、自治区、直辖市、计划单列市、副省级城市科技厅（委、局）、党委宣传部，新疆生产建设兵团科技局、党委宣传部，中央、国务院各部门、直属机构，中央军委科学技术委员会，各人民团体：

为实施《中华人民共和国科学技术普及法》，落实《国家中长期科学和技术发展规划纲要（2006—2020 年)》，《全民科学素质行动计划纲要（2006—2010—2020 年)》（以下简称《科学素质纲要》）等确定的科普工作任务，国务院办公厅确定科技部、财政部、中央宣传部牵头，中央组织部等 20 个部门参加制定《中国公民科学素质基准》（以下简称《基准》），建立《科学素质纲要》实施的监测指标体系，定期开展中国公民科学素质调查和全国科普统计工作，为公民提高自身科学素质提供衡量尺度和指导。

经组织专家研究，在部分省（市）试点测评，并广泛征求部门、地方和社会各界意见，在形成广泛共识的基础上，制定了《基准》（电子版可从科技部门户网站等下载），现予印发。请各地各部门认真组织党政机关干部、工人、农民，科技、教育工作者，城乡劳动者、部队官兵、学生、社会各界人士等学习；各级党政机关、科研机构、企业、事业单位、学校、部队、社会团体等要组织《基准》学习和培训活动；新闻媒体、网站要对《基准》进行广泛宣传，在全社会大力弘扬科学精神、普及科学知识，提高全民科技意识和科学素养，形成鼓励大众创业、万众创新的良好氛围，为实施创新驱动发展战略，建设创新型国家和实现全面建成小康社会的目标奠定坚实的社会基础。

科 技 部

中 宣 部

2016 年 4 月 18 日

中国公民科学素质基准

《中国公民科学素质基准》（以下简称《基准》）是指中国公民应具备的基本科学技术知识和能力的标准。公民具备基本科学素质一般指了解必要的科学技术知识，掌握基本的科学方法，树立科学思想，崇尚科学精神，并具有一定的应用它们处理实际问题、参与公共事务的能力。制定《基准》是健全监测评估公民科学素质体系的重要内容，将为公民提高自身科学素质提供衡量尺度和指导。《基准》共有 26 条基准、132 个基准点，基本涵盖公民需要具有的科学精神、掌握或了解的知识、具备的能力，每条基准下列出了相应的基准点，对基准进行了解释和说明。

《基准》适用范围为 18 周岁以上，具有行为能力的中华人民共和国公民。

测评时从 132 个基准点中随机选取 50 个基准点进行考察，50 个基准点需覆盖全部 26 条基准。根据每条基准点设计题目，形成调查题库。测评时，从 500 道题库中随机选取 50 道题目（必须覆盖 26 条基准）进行测试，形式为判断题或选择题，每题 2 分。正确率达到 60% 视为具备基本科学素质。

《中国公民科学素质基准》结构表

序号	基准内容	基准点序号	基准点
1	知道世界是可被认知的，能以科学的态度认识世界。	1-5	5 个
2	知道用系统的方法分析问题、解决问题。	6-9	4 个
3	具有基本的科学精神，了解科学技术研究的基本过程。	10-12	3 个
4	具有创新意识，理解和支持科技创新。	13-18	6 个
5	了解科学、技术与社会的关系，认识到技术产生的影响具有两面性。	19-23	5 个
6	树立生态文明理念，与自然和谐相处。	24-27	4 个
7	树立可持续发展理念，有效利用资源。	28-31	4 个
8	崇尚科学，具有辨别信息真伪的基本能力。	32-34	3 个
9	掌握获取知识或信息的科学方法。	35-38	4 个
10	掌握基本的数学运算和逻辑思维能力。	39-44	6 个
11	掌握基本的物理知识。	45-52	8 个
12	掌握基本的化学知识。	53-58	6 个
13	掌握基本的天文知识。	59-61	3 个
14	掌握基本的地球科学和地理知识。	62-67	6 个
15	了解生命现象、生物多样性与进化的基本知识。	68-74	7 个
16	了解人体生理知识。	75-78	4 个
17	知道常见疾病和安全用药的常识。	79-88	10 个
18	掌握饮食、营养的基本知识，养成良好生活习惯。	89-95	7 个
19	掌握安全出行基本知识，能正确使用交通工具。	96-98	3 个
20	掌握安全用电、用气等常识，能正确使用家用电器和电子产品。	99-101	3 个
21	了解农业生产的基本知识和方法。	102-106	5 个
22	具备基本劳动技能，能正确使用相关工具与设备。	107-111	5 个
23	具有安全生产意识，遵守生产规章制度和操作规程。	112-117	6 个
24	掌握常见事故的救援知识和急救方法。	118-122	5 个
25	掌握自然灾害的防御和应急避险的基本方法。	123-125	3 个
26	了解环境污染的危害及其应对措施，合理利用土地资源和水资源。	126-132	7 个

基准点（132 个）

1. 知道世界是可被认知的，能以科学的态度认识世界。

（1）树立科学世界观，知道世界是物质的，是能够被认知的，但人类对世界的认知是有限的。

（2）尊重客观规律能够让我们与世界和谐相处。

（3）科学技术是在不断发展的，科学知识本身需要不断深化和拓展。

（4）知道哲学社会科学同自然科学一样，是人们认识世界和改造世界的重要工具。

（5）了解中华优秀传统文化对认识自然和社会、发展科学和技术具有重要作用。

2. 知道用系统的方法分析问题、解决问题。

（6）知道世界是普遍联系的，事物是运动变化发展的、对立统一的；能用普遍联系的、发展的观点认识问题和解决问题。

（7）知道系统内的各部分是相互联系、相互作用的，复杂的结构可能是由很多简单的结构构成的；认识到整体具备各部分之和所不具备的功能。

（8）知道可能有多种方法分析和解决问题，知道解决一个问题可能会引发其他的问题。

（9）知道阴阳五行、天人合一、格物致知等中国传统哲学思想观念，是中国古代朴素的唯物论和整体系统的方法论，并具有现实意义。

3. 具有基本的科学精神，了解科学技术研究的基本过程。

（10）具备求真、质疑、实证的科学精神，知道科学技术研究应具备好奇心、善于观察、诚实的基本要素。

（11）了解科学技术研究的基本过程和方法。

（12）对拟成为实验对象的人，要充分告知本人或其利益相关者实验可能存在的风险。

4. 具有创新意识，理解和支持科技创新。

（13）知道创新对个人和社会发展的重要性，具有求新意识，崇尚用新知识、新方法解决问题。

（14）知道技术创新是提升个人和单位核心竞争力的保证。

（15）尊重知识产权，具有专利、商标、著作权保护意识；知道知识产权保护制度对促进技术创新的重要作用。

（16）了解技术标准和品牌在市场竞争中的重要作用，知道技术创新对标准和品牌的引领和支撑作用，具有品牌保护意识。

（17）关注与自己的生活和工作相关的新知识、新技术。

（18）关注科学技术发展。知道"基因工程""干细胞""纳米材料""热核聚变""大数据""云计算""互联网 +"等高新技术。

5. 了解科学、技术与社会的关系，认识到技术产生的影响具有两面性。

（19）知道解决技术问题经常需要新的科学知识，新技术的应用常常会促进科学的进步和社会的发展。

（20）了解中国古代四大发明、农医天算以及近代科技成就及其对世界的贡献。

（21）知道技术产生的影响具有两面性，而且常常超过了设计的初衷，既能造福人类，也可能产生负面作用。

（22）知道技术的价值对于不同的人群或者在不同的时间，都可能是不同的。

（23）对于与科学技术相关的决策能进行客观公正地分析，并理性表达意见。

6. 树立生态文明理念，与自然和谐相处。

（24）知道人是自然界的一部分，热爱自然，尊重自然，顺应自然，保护自然。

（25）知道我们生活在一个相互依存的地球上，不仅全球的生态环境相互依存，经济社会等其他因素也是相互关联的。

（26）知道气候变化、海平面上升、土地荒漠化、大气臭氧层损耗等全球性环境问题及其危害。

（27）知道生态系统一旦被破坏很难恢复，恢复被破坏或退化的生态系统成本高、难度大、周期长。

7. 树立可持续发展理念，有效利用资源。

（28）知道发展既要满足当代人的需求，又不损害后代人满足其需求的能力。

（29）知道地球的人口承载力是有限的；了解可再生资源和不可再生资源，知道矿产资源、化石能源等是不可再生的，具有资源短缺的危机意识和节约物质资源、能源意识。

（30）知道开发和利用水能、风能、太阳能、海洋能和核能等清洁能源是解决能源短缺的重要途径；知道核电站事故、核废料的放射性等危害是可控的。

（31）了解材料的再生利用可以节省资源，做到生活垃圾分类堆放，以及可再生资源的回收利用，减少排放；节约使用各种材料，少用一次性用品；了解建筑节能的基本措施和方法。

8. 崇尚科学，具有辨别信息真伪的基本能力。

（32）知道实践是检验真理的唯一标准，实验是检验科学真伪的重要手段。

（33）知道解释自然现象要依靠科学理论，尊重客观规律，实事求是，对尚不能用科学理论解释的自然现象不迷信、不盲从。

（34）知道信息可能受发布者的背景和意图影响，具有初步辨识信息真伪的能力，不轻信未经核实的信息。

9. 掌握获取知识或信息的科学方法。

（35）关注与生活和工作相关知识和信息，具有通过图书、报刊和网络等途径检索、收集所需知识和信息的能力。

（36）知道原始信息与二手信息的区别，知道通过调查、访谈和查阅原始文献等方式可以获取原始信息。

（37）具有初步加工整理所获的信息，将新信息整合到已有的知识中的能力。

（38）具有利用多种学习途径终身学习的意识。

10. 掌握基本的数学运算和逻辑思维能力。

（39）掌握加、减、乘、除四则运算，能借助数量的计算或估算来处理日常生活和工作中的问题。

（40）掌握米、千克、秒等基本国际计量单位及其与常用计量单位的换算。

（41）掌握概率的基本知识，并能用概率知识解决实际问题。

（42）能根据统计数据和图表进行相关分析，做出判断。

（43）具有一定的逻辑思维的能力，掌握基本的逻辑推理方法。

（44）知道自然界存在着必然现象和偶然现象，解决问题讲究规律性，避免盲目性。

11.掌握基本的物理知识。

（45）知道分子、原子是构成物质的微粒，所有物质都是由原子组成，原子可以结合成分子。

（46）区分物质主要的物理性质，如密度、熔点、沸点、导电性等，并能用它们解释自然界和生活中的简单现象；知道常见物质固、液、气三态变化的条件。

（47）了解生活中常见的力，如重力、弹力、摩擦力、电磁力等；知道大气压的变化及其对生活的影响。

（48）知道力是自然界万物运动的原因；能描述牛顿力学定律，能用它解释生活中常见的运动现象。

（49）知道太阳光由七种不同的单色光组成，认识太阳光是地球生命活动所需能量的最主要来源；知道无线电波、微波、红外线、可见光、紫外线、X 射线都是电磁波。

（50）掌握光的反射和折射的基本知识，了解成像原理。

（51）掌握电压、电流、功率的基本知识，知道电路的基本组成和连接方法。

（52）知道能量守恒定律，能量既不会凭空产生，也不会凭空消灭，只会从一种形式转化为另一种形式，或者从一个物体转移到其他物体，而总量保持不变。

12. 掌握基本的化学知识。

（53）知道水的组成和主要性质，举例说出水对生命体的影响。

（54）知道空气的主要成分。知道氧气、二氧化碳等气体的主要性质，并能列举其用途。

（55）知道自然界存在的基本元素及分类。

（56）知道质量守恒定律，化学反应只改变物质的原有形态或结构，质量总和保持不变。

（57）能识别金属和非金属，知道常见金属的主要化学性质和用途。知道金属腐蚀的条件和防止金属腐蚀常用的方法。

（58）能说出一些重要的酸、碱和盐的性质，能说明酸、碱和盐在日常生活中的用途，并能用它们解释自然界和生活中的有关简单现象。

13. 掌握基本的天文知识。

（59）知道地球是太阳系中的一颗行星，太阳是银河系内的一颗恒星，宇宙由大量星系构成的；了解"宇宙大爆炸"理论。

（60）知道地球自西向东自转一周为一日，形成昼夜交替；地球绕太阳公转一周为一年，形成四季更迭；月球绕地球公转一周为一月，伴有月圆月缺。

（61）能够识别北斗七星，了解日食月食、彗星流星等天文现象。

14. 掌握基本的地球科学和地理知识。

（62）知道固体地球由地壳、地幔和地核组成，地球的运动和地球内部的各向异性产生各种力，造成自然灾害。

（63）知道地球表层是地球大气圈、岩石圈、水圈、生物圈相互交接的层面，它构成与人类密切相关的地球环境。

（64）知道地球总面积中陆地面积和海洋面积的百分比，能说出七大洲、四大洋。

（65）知道我国主要地貌特点、人口分布、民族构成、行政区划及主要邻国，能说出主要山脉和水系。

（66）知道天气是指短时段内的冷热、干湿、晴雨等大气状态，气候是指多年气温、降水等大气的一般状态；看懂天气预报及气象灾害预警信号。

（67）知道地球上的水在太阳能和重力作用下，以蒸发、水汽输送、降水和径流等方式不断运动，形成水循环；知道在水循环过程中，水的时空分布不均造成洪涝、干旱等灾害。

15. 了解生命现象、生物多样性与进化的基本知识。

（68）知道细胞是生命体的基本单位。

（69）知道生物可分为动物、植物与微生物，识别常见的动物和植物。

（70）知道地球上的物种是由早期物种进化而来，人是由古猿进化而来的。

（71）知道光合作用的重要意义，知道地球上的氧气主要来源于植物的光合作用。

（72）了解遗传物质的作用，知道 DNA、基因和染色体。

（73）了解各种生物通过食物链相互联系，抵制捕杀、销售和食用珍稀野生动物的行为。

（74）知道生物多样性是生物长期进化的结果，保护生物多样性有利于维护生态系统平衡。

16. 了解人体生理知识。

（75）了解人体的生理结构和生理现象，知道心、肝、肺、胃、肾等主要器官的位置和生理功能。

（76）知道人体体温、心率、血压等指标的正常值范围，知道自己的血型。

（77）了解人体的发育过程和各发育阶段的生理特点。

（78）知道每个人的身体状况随性别、体重、活动以及生活习惯而不同。

17. 知道常见疾病和安全用药的常识。

（79）具有对疾病以预防为主、及时就医的意识。

（80）能正确使用体温计、体重计、血压计等家用医疗器具，了解自己的健康状况。

（81）知道蚊虫叮咬对人体的危害及预防、治疗措施；知道病毒、细菌、真菌和寄生虫可能感染人体，导致疾病；知道污水和粪便处理、动植物检疫等公共卫生防疫和检测措施对控制疾病的重要性。

（82）知道常见传染病（如传染性肝炎、肺结核病、艾滋病、流行性感冒等）、慢性病（如高血压、糖尿病等）、突发性疾病（如脑梗塞、心肌梗塞等）的特点及相关预防、急救措施。

（83）了解常见职业病的基本知识，能采取基本的预防措施。

（84）知道心理健康的重要性，了解心理疾病、精神疾病基本特征，知道预防、调适的基本方法。

（85）知道遵医嘱或按药品说明书服药，了解安全用药、合理用药以及药物不良反应常识。

（86）知道处方药和非处方药的区别，知道对自身有过敏性的药物。

（87）了解中医药是中国传统医疗手段，与西医相比各有优势。

（88）知道常见毒品的种类和危害，远离毒品。

18. 掌握饮食、营养的基本知识，养成良好生活习惯。

（89）选择有益于健康的食物，做到合理营养、均衡膳食。

（90）掌握饮用水、食品卫生与安全知识，有一定的鉴别日常食品卫生质量的能力。

（91）知道食物中毒的特点和预防食物中毒的方法。

（92）知道吸烟、过量饮酒对健康的危害。

（93）知道适当运动有益于身体健康。

（94）知道保护眼睛、爱护牙齿等的重要性，养成爱牙护眼的好习惯。

（95）知道作息不规律等对健康的危害，养成良好的作息习惯。

19. 掌握安全出行基本知识，能正确使用交通工具。

（96）了解基本交通规则和常见交通标志的含义，以及交通事故的救援方法。

（97）能正确使用自行车等日常家用交通工具，定期对交通工具进行维修和保养。

（98）了解乘坐各类公共交通工具（汽车、轨道交通、火车、飞机、轮船等）的安全规则。

20. 掌握安全用电、用气等常识，能正确使用家用电器和电子产品。

（99）了解安全用电常识，初步掌握触电的防范和急救的基本技能。

（100）安全使用燃气器具，初步掌握一氧化碳中毒的急救方法。

（101）能正确使用家用电器和电子产品，如电磁炉、微波炉、热水器、洗衣机、电风扇、空调、冰箱、收音机、电视机、计算机、手机、照相机等。

21. 了解农业生产的基本知识和方法。

（102）能分辨和选择食用常见农产品。

（103）知道农作物生长的基本条件、规律与相关知识。

（104）知道土壤是地球陆地表面能生长植物的疏松表层，是人类从事农业生产活动的基础。

（105）农业生产者应掌握正确使用农药、合理使用化肥的基本知识与方法。

（106）了解农药残留的相关知识，知道去除水果、蔬菜残留农药的方法。

22. 具备基本劳动技能，能正确使用相关工具与设备。

（107）在本职工作中遵循行业中关于生产或服务的技术标准或规范。

（108）能正确操作或使用本职工作有关的工具或设备。

（109）注意生产工具的使用年限，知道保养可以使生产工具保持良好的工作状态和延长使用年限，能根据用户手册规定的程序，对生产工具进行诸如清洗、加油、调节等保养。

（110）能使用常用工具来诊断生产中出现的简单故障，并能及时维修。

（111）能尝试通过工作方法和流程的优化与改进来缩短工作周期，提高劳动效率。

23. 具有安全生产意识，遵守生产规章制度和操作规程。

（112）生产者在生产经营活动中，应树立安全生产意识，自觉履行岗位职责。

（113）在劳动中严格遵守安全生产规定和操作手册。

（114）了解工作环境与场所潜在的危险因素，以及预防和处理事故的应急措施，自觉佩戴和使用劳动防护用品。

（115）知道有毒物质、放射性物质、易燃或爆炸品、激光等安全标志。

（116）知道生产中爆炸、工伤等意外事故的预防措施，一旦事故发生，能自我保护，并及时报警。

（117）了解生产活动对生态环境的影响，知道清洁生产标准和相关措施，具有监督污染环境、安全生产、运输等的社会责任。

24. 掌握常见事故的救援知识和急救方法。

（118）了解燃烧的条件，知道灭火的原理，掌握常见消防工具的使用和在火灾中逃生自救的一般方法。

（119）了解溺水、异物堵塞气管等紧急事件的基本急救方法。

（120）选择环保建筑材料和装饰材料，减少和避免苯、甲醛、放射性物质等对人体的危害。

（121）了解有害气体泄漏的应对措施和急救方法。

（122）了解犬、猫、蛇等动物咬伤的基本急救方法。

25. 掌握自然灾害的防御和应急避险的基本方法。

（123）了解我国主要自然灾害的分布情况，知道本地区常见自然灾害。

（124）了解地震、滑坡、泥石流、洪涝、台风、雷电、沙尘暴、海啸等主要自然灾害的特征及应急避险方法。

（125）能够应对主要自然灾害引发的次生灾害。

26. 了解环境污染的危害及其应对措施，合理利用土地资源和水资源。

（126）知道大气和海洋等水体容纳废物和环境自净的能力有限，知道人类污染物排放速度不能超过环境的自净速度。

（127）知道大气污染的类型、污染源与污染物的种类，以及控制大气污染的主要技术手段。能看懂空气质量报告。知道清洁生产和绿色产品的含义。

（128）自觉地保护所在地的饮用水源地。知道污水必须经过适当处理达标后才能排入水体。不往水体中丢弃、倾倒废弃物。

（129）知道工业、农业生产和生活的污染物进入土壤，会造成土壤污染，不乱倒垃圾。

（130）保护耕地，节约利用土地资源，懂得合理利用草场、林场资源，防止过度放牧，知道应该合理开发荒山荒坡等未利用土地。

（131）知道过量开采地下水会造成地面沉降、地下水位降低、沿海地区海水倒灌；选用节水生产技术和生活器具，知道合理利用雨水、中水，关注公共场合用水的查漏塞流。

（132）具有保护海洋的意识，知道合理开发利用海洋资源的重要意义。

科技常识问答题库
（500 题及答案）

1. 从根本上说，世界统一于 （ ）。（单项选择题）

   A. 物质　　　B. 意识　　　C. 运动　　　D. 思想

   （答案：A）

2. 世界是可以被认识的，认识是一个辩证发展的过程，这是一个 （ ）的过程。（单项选择题）

   A. 感觉－知觉－表象　　　B. 概念－判断－推理

   C. 理论－实践－理论　　　D. 实践－认识－实践

   （答案：D）

3. 以下关于人对世界的认识正确的表述是 （ ）。（单项选择题）

   A. 人对世界的认识是有限的，人类不可能认识全部世界

   B. 人对世界的认识是无限的，任何人都可以认识全部世界

   C. 对于具体时代、具体个人来说，人所达到的认识是有

限的，但随着人类实践的发展，人类的认识能力和认识发展是无限的

D. 人对世界的认识无所谓有限和无限

(答案：C)

4. 客观规律是（　　）。（单项选择题）

A. 事物和现象之间的直接的、表面的可能性联系

B. 事物和现象之间的外在的、偶然的间接性联系

C. 事物和现象之间的人为的、形式的、表象的联系

D. 事物运动过程中本身所固有的内在的、本质的、必然的稳固性联系

(答案：D)

5. 客观规律不以人的意志为转移。（　　）（判断题）

(答案：√)

6. 客观规律起作用是无条件的。（　　）（判断题）

(答案：×)

7. 科学技术是第一生产力。（　　）（判断题）

(答案：√)

8. 社会科学与自然科学的区别是研究对象不同，社会科学的研究对象是社会现象，自然科学的研究对象是整个自然界。（　　）（判断题）

(答案：√)

9. "科学技术是第一生产力"不包括社会科学。（　　）（判断题）

(答案：×)

10. 什么是中国传统文化？下面表述准确的是（　　）。（单项选择题）

A. 是指从历史上传下来的民族文化

B. 是中华民族创造的具有中华民族特色的文化

C. 是指以汉族为主体、多民族共同组成的中华民族在漫长的历史发展过程中创造的特殊文化体系

D. 中国传统文化即儒家文化

(答案：C)

11. 对待传统文化的正确态度是（　）。（单项选择题）

A. 老祖宗留下的东西都是精华，全部继承

B. 传统的东西都是糟粕，全部抛弃

C. 对我有用的就保留，没有用的就摒弃

D. 批判继承，推陈出新

(答案：D)

12. 传统文化与现代化相对立，传统农业文化无法实现现代化。（　）（判断题）

(答案：×)

13. 世界是普遍联系的。（　）（判断题）

(答案：√)

14. 科学的真正任务在于揭示事物、现象间所固有的联系。（　）（判断题）

(答案：√)

15. 系统是由一些相互作用、相互依赖的若干组成部分结合而成的、具有特定功能的有机整体。（　）（判断题）

(答案：√)

16. 科学的系统论和方法论的主要原则是（　）。（多项选择题）

A. 整体性原则、综合性原则

B. 分析性原则、独立考察原则

C. 定量化原则、最优化原则

D. 开放性原则、协调性原则

（答案：ACD）

17. 把握科学的系统观的方法，就要把事物、过程看成是现象的简单堆积。（ ）（判断题）

（答案：×）

18. 常见的推理方法有（ ）。（单项选择题）
A. 归纳　　B. 演绎　　C. 类比　　D.A+B+C

（答案：D）

19. 分析的方法就是把整体分解为各个部分、方面或要素，以便逐个加以研究的思维方法。（ ）（判断题）

（答案：√）

20. "天人合一"是中国哲学中对天人关系的一种观点，可理解为：天道与人道、自然与人为相通、相类、相统一；天道的本性正是人们行动的根据。（ ）（判断题）

（答案：√）

21. 阴阳对立统一、五行相生相克的观念展示了中国思维注重整体关联与平衡和谐的辩证思维的特点。（ ）（判断题）

（答案：√）

22. 古人对"格物致知"有多种解释，其强调知与功效、知与行的辩证关系以及亲身实践对知的重要性。（ ）（判断题）

（答案：√）

23. 中国传统哲学不追求既入世又出世。（ ）（判断题）

（答案：×）

24. 科学精神的内涵十分丰富，以下选项对科学内涵描述错误的是（ ）。（单项选择题）
A. 追求认识的真理性，坚持认识的客观性和辩证性，是

科学精神的首要特征

B. 崇尚理性思考，敢于批评，是科学精神的突出特点

C. 以创新为灵魂，以实践为基础，是科学精神的内在要求

D. 科学精神与人文精神属于两个不同的范畴，二者没有关系

(答案：D)

25. 科学研究中不允许失败，因此为了达到研究目的要用尽一切办法。（　）（判断题）

(答案：×)

26. 科学是追求真理的事业，大胆假设、小心求证、勇于探究、合理质疑是科学精神的重要体现。（　）（判断题）

(答案：√)

27. 科学研究讲求实证，一项科学实验结果在期刊公开发表后，如果难以被同行科学家重复，同行科学家可以（　）。（单项选择题）

A. 对该实验结果提出质疑

B. 公开要求期刊编辑辞职

C. 直接宣布该实验结果无效

D. 无条件接受该实验结果

(答案：A)

28. 科学假说不是科学理论。（　）（判断题）

(答案：×)

29. 科学研究的过程一般包括发现问题、提出初步假说、收集资料、形成系统假说、推演、预测、实验检验和实际应用等基本环节。（　）（判断题）

(答案：√)

30. 关于科学研究的基本过程和方法，以下哪一论述是错误的（   ）。（单项选择题）

    A. 化学家凯库勒梦见一条吞食自己尾巴的蛇，从中悟出了苯环的分子结构，可见灵感和顿悟在科学发现中十分重要

    B. 在进行新药试验时，为了有利于推广应用，可以适当夸大新药的疗效

    C. 在科学研究中，机遇往往偏爱那些有准备的人

    D. 随着科学的发展，新的观察发现有可能对流行的理论提出挑战

    （答案：B）

31. 对拟成为实验对象的人，以下哪项是不正确的（   ）。（单项选择题）

    A. 实验应该在受试者完全知情同意、在没有任何压力和欺骗的情况下进行

    B. 必须使参加实验的人员知情，要将实验的目的、方法、预期的好处、潜在的危险等信息公开，使其理解并回答他们的疑问

    C. 对缺乏或丧失自主能力的受试者，由家属、监护人或代理人代表

    D. 已参加实验的受试者，没有撤销其承诺的权利

    （答案：D）

32. 为达到实验目的与效果，在必要的情况下可以向拟成为实验对象的人或利益相关者隐瞒实验可能存在的风险。（   ）（判断题）

    （答案：×）

33. 在进行涉及人的科学实验时，必须将可能存在的风险充分

告知参与研究者本人及其亲属等，帮助其自主决定是否参与或退出实验。（　）（判断题）

（答案：√）

34. 在一项新药试验中，医生应该（　）。（单项选择题）

A. 在不告知患者任何相关信息的情况下进行新药试验

B. 暗示患者试验药物是最新的特效药

C. 只告诉患者新药可能具有更好的疗效，对可能的副作用只字不提

D. 将新药可能具有的疗效和副作用等与患者利益相关的各种信息充分完整地告知患者

（答案：D）

35. 技术创新是指与新产品、新工艺、新装备的研究、开发、设计、制造及与商业化应用有关的技术经济活动。（　）（判断题）

（答案：√）

36. 技术创新包括产品创新、工艺创新，不包括服务创新等。（　）（判断题）

（答案：×）

37. 关于技术创新与企业的关系，以下表述不正确的是（　）。（单项选择题）

A. 企业的经营战略是推动企业发展的总体战略，技术创新战略是总体经营战略中的一个重要组成部分

B. 在现代市场经济条件下，技术创新战略的地位日益变得不重要

C. 技术创新战略有利于企业掌握产品和技术发展的方向

D. 制定技术创新战略有助于提高企业的技术素质、技术

能力和技术管理水平

(答案：B)

38. 伴随着科学技术的进步和高新技术的迅猛发展，未来企业的生存与发展将越来越依赖技术进步和技术发展，越来越依赖于企业技术创新能力和速度。（　）（判断题）

(答案：√)

39. 每个公民应该具有创新意识，要充分认识到技术创新在社会和国家层面是驱动发展的动力源泉，同时也是提升个人和单位核心竞争力的前提和保证。（　）（判断题）

(答案：√)

40. 下列选项中不属于传统知识产权范畴的是（　）。（单项选择题）

A. 使用权　　B. 专利权　　C. 商标权　　D. 著作权

(答案：A)

41. 为了加强专利、商标和著作权保护，以下哪一种战略选择是错误的（　）。（单项选择题）

A. 以国家战略需求为导向，在高新技术领域超前部署，掌握一批核心技术的专利，支撑我国高技术产业与新兴产业发展

B. 完善职务发明制度，建立既有利于激发职务发明人创新积极性，又有利于促进专利技术实施的利益分配机制

C. 虽然国家支持企业实施商标战略，但为了促进对外贸易，在经济活动中不鼓励使用自主商标

D. 依法处置盗版行为，加大盗版行为处罚力度，重点打击大规模制售、传播盗版产品的行为，遏制盗版现象

(答案：C)

42. 网络新媒体和自媒体未经授权大量转载报纸等传统媒体的内容，使传统媒体陷入困境，难以充分利用技术创新保持原有优势。（ ）（判断题）

（答案：√）

43. 企业技术标准化战略的内部构成对企业产生的促进作用不包括以下哪一项（ ）。（单项选择题）

A. 深入理解市场需求

B. 提高产品规划、产品开发和合作创新效率

C. 提高产品质量

D. 有效打击竞争对手

（答案：D）

44. 生产企业应该致力于技术不断创新，逐渐降低产品成本，使竞争对手难以效仿，从而在同行业中保持旺盛竞争能力，这样才能抵御竞争对手。（ ）（判断题）

（答案：√）

45. 随着市场的扩大和国际化，技术标准对于推动技术创新和保持领先优势的作用越来越重要，以下哪种说法是错误的（ ）。（单项选择题）

A. 标准化水平的高低，反映了一个国家产业核心竞争力乃至综合实力的强弱

B. 中国标准动车组等中国高铁标准将所掌握的核心技术和管理知识以标准的形式固化下来，将有力支撑和引领高铁进一步的技术创新

C. 我国企业、联盟和社团应该积极参与或主导国际标准研制，积极推动我国优势技术与标准成为国际标准

D. 我国的技术创新应该严格采用外国已有的国际先进标

准，而不应试图主导新的国际标准的研制

（答案：D）

46. 近年来，一些中国知名企业的商标被外国公司抢注的事实表明，中国企业在加强自主创新的同时，必须进一步增强品牌保护意识。（　　）（判断题）

（答案：√）

47. 癌症的本质是（　　）。（单项选择题）

A. 正常细胞的生长与分裂失去控制从而无限增殖

B. 体内营养过剩

C. 细菌感染

D. 体内毒素累积

（答案：A）

48. 肿瘤通常分为良性和恶性两大类，良性肿瘤是癌症。（　　）（判断题）

（答案：×）

49. 化疗和放疗在杀伤癌细胞的同时，也会对正常细胞产生较大的损伤。（　　）（判断题）

（答案：√）

50. 公众应该以科学的态度关注与自己的生活和工作相关的新知识和新技术，以下哪一场景较符合科学的态度（　　）。（单项选择题）

A. 听说绿豆可以包治百病这一"新知识"之后，生病不再去医院，只喝绿豆汤是科学的态度

B. 歌手小慧因为近视影响表演，听说一种新技术可以根治近视，到眼科咨询后得知不适合这种治疗方法，改为佩戴较适合自己的隐形眼镜

C. 不论新技术的可靠性高不高，都敢于在工作中尝试而不计后果

D. 新知识和新技术的发展已经远远超过了一般人的理解力，对新知识和新技术的关注往往徒劳无益

(答案：B)

51. 下列关于基因工程的说法，不正确的是（　）。（单项选择题）

A. 基因工程又称遗传工程或基因操作

B. 是指按照设计方案对 DNA 进行操作，使之在重组细胞中表达新的遗传性状的技术

C. 转基因食品都是有害的

D. 基因工程在制药领域有广泛的应用

(答案：C)

52. 干（gan 四声）细胞是指（　）。（单项选择题）

A. 已经脱水的细胞

B. 肝脏来源的细胞

C. 具有自我更新能力，并且可以分化为其他类型细胞的"种子"细胞

D. 胚胎

(答案：C)

53. 公众对科学技术发展的关注不仅有助于提升国民的科学素质，而且有利于促进国家科技事业和科学文化的健康发展。（　）（判断题）

(答案：√)

54. 高新技术为技术创新带来了新的生长点，对此以下哪一论述是错误的（　）。（单项选择题）

A. 基因工程、干细胞等生物高新技术是生命科学、医学等领域的创新热点，善加应用可以带来巨大的社会效益和经济效益

B. 纳米材料一般是指三维空间中至少有一维处于纳米尺度范围的超精细材料

C. 热核聚变是一种先进的高温材料制造技术，具有节能、环保、高效等优点

D. "大数据"、"云计算"、"互联网 +"等在信息高新技术领域的创新极大地推动了信息化和智能化的发展

（答案：C）

55. 原子物理和核物理的研究为核技术和核能开发奠定了基础，激光的发现带来了光通信技术的发展，这些实例表明解决技术问题经常需要新的科学知识。（　）（判断题）

（答案：√）

56. 大型射电望远镜和太空望远镜等新的天文观测仪器和技术极大地促进了当代天文学的发展。（　）（判断题）

（答案：√）

57. 解决技术问题往往需要运用新的科学知识，以下哪个场景最好地体现了这一点（　）。（单项选择题）

A. 公务员小张的手机不小心进水了，他用吹风机将手机里的水吹干了之后，手机又可以用了

B. 快递员小李为了更好地认识投递线路，有时间就打开手机地图熟悉路线，很快就记住了附近 10 公里以内的大小道路

C. 第一次世界大战时，英国急需一种能探测空中金属物体的技术用于搜寻德国飞机，他们运用 19 世纪下半叶物

理学所发现的电磁波的新知识发明了雷达

D. 小王第一次组装电脑不知道从何入手，就到百度上搜
索到了相关知识和经验，边学边装，小半天便大功告成了

(答案：C)

58. 中国古代发明的造纸术、指南针、火药及印刷术等四大发
明对世界文明的进程具有巨大影响，是中华民族创造性智
慧的结晶。（　）（判断题）

(答案：√)

59. 中国古代的《周髀算经》《九章算术》《孙子算经》《五曹
算经》《夏侯阳算经》《张丘建算经》《海岛算经》《五经
算术》《缀术》《缉古算经》等 10 部算书被称为"算经十
书"。（　）（判断题）

(答案：√)

60. 中国古代在医药领域取得了举世瞩目的辉煌成就，有很多
影响深远的著作问世，以下哪本书为中国医学奠定了理论
基础（　）。（单项选择题）

A.《伤寒杂病论》　B.《千金方》

C.《本草纲目》　　D.《黄帝内经》

(答案：D)

61. 技术的后果和影响主要取决于设计，只要设计足够周
密严谨，就不会出现不符合设计初衷的后果与影响。
（　）（判断题）

(答案：×)

62. 氟利昂等制冷剂对臭氧层的破坏等情况表明，技术的进步
既可造福人类，也难免带来各种超出设计预期的不良后
果，因此应大力提倡负责任的研究与创新。（　）（判断题）

(答案：√)

63. 技术具有双刃剑效应，既能造福人类，也可能产生负面作用，由此，以下哪一种对待技术的态度值得提倡（　　）。（单项选择题）

A. 先大力发展，待其负面作用显现后，再考虑停止该技术的应用

B. 在设计、生产与使用等各个环节努力减少和消除技术可能产生的负面影响

C. 拒绝使用现代技术，追求原始的生活方式

D. 想方设法阻止新技术的设计和生产

（答案：B）

64. 技术对不同人群有着不同的价值，有的人更容易从一项新技术中获益，如年轻人更容易掌握互联网和智能设备；有的人则可能因为新技术的普遍应用而处于不利的地位，如不发达地区存在的数字鸿沟等。（　　）（判断题）

（答案：√）

65. 一项新技术一般会经历婴儿期、成长期、成熟期和衰退期等四个阶段，在不同发展阶段，技术的价值会发生变化，处于成长期时价值会迅速增加，处于衰退期时价值将停止增长并开始下降。（　　）（判断题）

（答案：√）

66. 不同的人群在技术的发展中获益程度有所不同，以下哪一做法值得提倡（　　）。（单项选择题）

A. 为了应对信息技术对传统行业的冲击，应该通过信息技术培训提升传统行业从业人员的转岗能力

B. 设计和生产更适宜老年人使用的智能手机等信息技术产品和智能设备，并以高价出售

C. 面对新技术的发展对传统行业的冲击，应该完全顺应市场的调节，任由传统行业的从业人员被淘汰

D. 随着机器人和人工智能的发展，机器有可能超过人，为了避免人被机器统治，应该尽快停止研究机器人和人工智能

(答案：A)

67. 与科学技术相关的决策是关系到科技进步和创新发展的大事。公众不必关注相关决策的制订过程，无需对决策内容进行客观公正地分析。（　）（判断题）

(答案：×)

68. 当一项与科技相关的决策可能影响到我们自身的利益或我们对其有不同看法时，应该学会从各个角度和方面看问题，力求全面、客观、公正，理性地表达意见。（　）（判断题）

(答案：√)

69. 与科技相关的决策关系到各方利益，公众应学会客观公正地分析其中的利弊得失，对此以下哪一做法值得提倡（　）。（单项选择题）

A. 完全站在自己的立场看待与科技相关决策的利弊，对自己有利的就支持，不利的就反对

B. 完全根据媒体的报道来看待与科技相关的决策的利弊得失，媒体说好就跟着喝彩，媒体说不好就跟着反对

C. 在独立思考的基础上，广泛认真地了解相关信息，将自己的立场与各方面的意见相结合，对其中的利弊做出客观公正的分析

D. 懒得分析和思考，无条件地接受各种与科技相关的决策

(答案：C)

70. 自然保护意味着全部保持自然的原始状态。（　）（判断题）

（答案：×）

71. 在合理利用和改造自然过程中应该同时保护自然，使自然机能正常发挥作用，避免引起生态平衡的失调。（　）（判断题）

（答案：√）

72. 保护自然包括（　）。（单项选择题）

A. 保护自然免遭破坏和污染

B. 保证生物资源的永续利用

C. 保存生物种的遗传多样性

D. 以上全对

（答案：D）

73. 人是自然界的一部分，人在自然界之中。（　）（判断题）

（答案：√）

74. 人和社会持续发展的基础是（　）。（单项选择题）

A. 良好生态环境

B. 消极地依赖自然

C. 对自然界疯狂掠夺

（答案：A）

75. 地球是人类的（　）。（单项选择题）

A. 资源库　　　　B. 垃圾场

C. 家园　　　　D. 暂时的栖居地

（答案：C）

76. 环境问题构成是指（　）。（单项选择题）

A. 人类破坏环境的行为

B. 各种人类与环境之间相互的消极影响

C. 自然灾害对人类的影响和破坏

D. 人类积极改善环境、美化环境的行为

(答案: B)

77. 下面哪种生物是应该被灭绝的 (　　)。(单项选择题)

A. 苍蝇　B. 蚊子　C. 毒蛇　D. 全都不该被灭绝

(答案: D)

78. 物种灭绝会对粮食作物、药品和其他生物资源产生严重影响, 将给人类健康带来威胁。(　　)(判断题)

(答案: √)

79. 在经济发展过程中, 彻底消除环境污染是不可能做到的。(　　)(判断题)

(答案: √)

80. 没有土壤, 不足以让陆地植物持续生长; 没有了植物, 动物也能正常生存。(　　)(判断题)

(答案: ×)

81. 环境是否等同于生态 (　　)。(单项选择题)

A. 是, 环境与生态含义相同

B. 是, 环境的局部好转必然意味着生态的整体改善

C. 不是, 应当区分环境与生态

(答案: C)

82. 改变地球气候的主要的气体是 (　　)。(单项选择题)

A. 甲醛　　　　B. 二氧化硫

C. 二氧化碳　　D. 一氧化碳

(答案: C)

83. 荒漠化是指在干旱、半干旱和半湿润地区受气候因素及人类活动影响所造成的土地退化。(　　)(判断题)

(答案: √)

84. 过度放牧不是土地荒漠化现象。（ ）（判断题）

（答案：×）

85. 臭氧层作为环绕地球的保护层，主要吸收部分有害的
（ ）。（单项选择题）
A. 红外线   B. 紫外线   C. 自然光   D. 伽马射线

（答案：B）

86. 近百年来，全球气候显著的变化趋势是（ ）。（单项选择题）
A. 变暖   B. 变冷   C. 变湿   D. 没变化

（答案：A）

87. 下面四种气体中（ ）不是大气中的主要温室气体。（单项选择题）
A. 二氧化碳   B. 甲烷   C. 氧化亚氮   D. 氧气

（答案：D）

88. 大面积的沼泽、滩涂等湿地是对土地资源的浪费，应该加快改造利用。（ ）（判断题）

（答案：×）

90. 土壤污染具有隐蔽性和持久性，很难清除。（ ）（判断题）

（答案：√）

91. 生态文明建设是关系人民福祉、关乎民族未来的大计，是实现中华民族伟大复兴中国梦的重要内容。（ ）（判断题）

（答案：√）

92. "代际公平"是指（ ）。（多项选择题）
A. 当代人在发展与消费的同时，应当承担并努力做到使后代人有同等的发展机会
B. 当代人对后代人生存发展的可能性负有不可推卸的责

任，必须加强对未来人负责的自律意识

C. 当代人为后代人提供至少和自己从前辈人那里继承下来一样多甚至更多的财富

D. 只要有了科技进步，无论前代人利用多少自然资源，后代人都是公平的

（答案：ABC）

93. 可持续发展追求的公正不包括（　）。（单项选择题）

A. 代内公正　　B. 代际公正　　C. 种际公正　　D. 种内公正

（答案：D）

94. 环境承载力是指在不破坏自然环境的情况下，自然环境能够承载和支撑的人类社会活动的强度和总量的极限，超过这个极限环境将不能自行恢复。因此，环境承载力是（　）。（单项选择题）

A. 最高标准　　B. 最低标准　　C. 说不清

（答案：A）

95. 人类积极的保护环境行为一定程度上可以提高环境承载力。（　）（判断题）

（答案：√）

96. 以下哪些能源属于可再生资源（　）。（多项选择题）

A. 太阳能　　　　B. 地热能

C. 风能　　　　　D. 石油

（答案：ABC）

97. 承载一定数量的人口所需要的面积在不同区域没有差异。（　）（判断题）

（答案：×）

98. 为了解决能源短缺的问题，需要大力开发和利用下列哪些

新能源（　　）。（多项选择题）

A. 风能　B. 太阳能　C. 地热能　D. 生物质能

（答案：ABCD）

99. 在国家能源消费结构中，将进一步（　　）。（多项选择题）

A. 减少非化石能源消费比重

B. 提高非化石能源消费比重

C. 减少煤炭消费比重

D. 提高煤炭消费比重

（答案：BC）

100. 核电问世以来，在安全性、经济性、可持续性等方面有显著提高。（　　）（判断题）

（答案：√）

101. 清洁能源不包括（　　）。（单项选择题）

A. 水能　　B. 风能　　C. 核能　　D. 石油

（答案：D）

102. 水能资源（如水力发电）利用过程中会排放有害气体、热水等污染物。（　　）（判断题）

（答案：×）

103. 海洋能是巨大的能源宝库，目前利用非常广泛。（　　）（判断题）

（答案 ×）

104. 为了兼顾节能与舒适，盛夏室内空调设定温度不应低于多少℃（　　）。（单项选择题）

A.20 ℃　　B.24 ℃　　C.26 ℃　　D.28 ℃

（答案：C）

105. 公众调控自身生活方式包括（　　）。（多项选择题）

A. 消费绿色产品　　　B. 垃圾分类

C. 废物利用　　　　　D. 追求奢靡

（答案：ABC）

106. 固体废物的综合利用途径包括（　）。（多项选择题）

A. 提取有价值组分　　B. 生产建筑材料

C. 替代生产材料　　　D. 回收能源

（答案：ABCD）

107. 判断一种观点对错的根本标准是（　）。（单项选择题）

A. 圣人之言　B. 前人经验　C. 众人意见　D. 社会实践

（答案：D）

108. 实践在认识中具有基础性地位，表现在（　）。（多项选择题）

A. 实践是认识的动力

B. 实践为认识提供物质条件

C. 实践是认识的来源

D. 实践是检验认识真理性的唯一标准

（答案：ABCD）

109. 真理的形式是主观的，内容也是主观的。（　）（判断题）

（答案：×）

110. 科学理论作为认识发展过程中相对完成的东西，具有如下一些基本特征（　）。（多项选择题）

A. 客观真理性　　　　B. 全面性

C. 系统性　　　　　　D. 逻辑性和预见性

（答案：ABCD）

111. 科学从一开始就是并且永远是进步的、革命的因素。（　）（判断题）

（答案：√）

112. 科学发展至今已经非常完善，可以解释一切自然现象和问题。（ ）（判断题）

（答案：×）

11. 一种认识是不是真理，要看它（ ）。（单项选择题）

A. 能否满足人的需要　　B. 能否付诸实践

C. 能否在实践中得到证实 D. 能否被多数人认可

（答案：C）

114. 错误的认识是怎样产生的（ ）。（多项选择题）

A. 主观脱离客观　　　　B. 个人认识能力限制

C. 人类实践水平限制　　D. 认识者有意为之

（答案：ABCD）

115. 信息是没有时效性的。（ ）（判断题）

（答案：×）

116. 广义的信息检索的全过程包括文献信息的（ ）两个过程。（单项选择题）

A. 存储和检索　　B. 存储和编排

C. 标引和编排　　D. 存储和标引

（答案：A）

117. 以下检索出文献最少的检索式是（ ）。（单项选择题）

A. a and b

B. a and b or c

C. a and b and c

D. (a or b) and c

（答案：C）

118. 以下域名哪一个是指教育机构（ ）。（单项选择题）

A.Edu　　　B.Org　　　C.Gov　　　D.Net

（答案：A）

119. 信息检索基本原理的核心是用户信息需求与文献信息集合的比较和选择，是两者匹配的过程。（ ）（判断题）

（答案：√）

120. 以下属于原始文献的是（ ）。（单项选择题）

A. 文摘　　　　B. 期刊论文

C. 年鉴　　　　D. 实验记录

（答案：B）

121. 一次文献、二次文献、三次文献是按照（ ）进行区分的。（单项选择题）

A. 加工深度　　　　B. 原创的层次

C. 印刷的次数　　　D. 评论的次数

（答案：A）

122. 属于参考工具书范畴的是（ ）。（单项选择题）

A. 期刊杂志　　　　B. 百科全书

C. 标准　　　　　　D. 科技报告

（答案：B）

123. Google、百度不具有学术搜索功能。（ ）（判断题）

（答案：×）

124. 利用文献后面所附的参考文献进行检索的方法称为（ ）。（单项选择题）

A. 追溯法　　B. 直接法　　C. 抽查法　　D. 综合法

（答案：A）

125. 一般情况下，哪一个是实时系统（ ）。（单项选择题）

A. 办公室自动化系统　B. 航空订票系统

C. 计算机辅助设计系统 D. 计算机激光排版系统

（答案：B）

126. 信息资源同时只能被一个使用者所利用。（ ）（判断题）

（答案：×）

127. 对于企业来说，以下哪一项检索对其作用最大（ ）。（单项选择题）

A. 会议论文的检索　　　B. 学位论文的检索

C. 专利商标信息的检索　D. 专著的检索

（答案：C）

128. 以下哪一项是能够进行英文学术搜索的网站（ ）。（单项选择题）

A. Yahoo　　　　B. Google Scholar

C. Amazon　　　D. eBay

（答案：B）

129. 如果只有图片而不知图片名称或相关信息，可以在搜索引擎采用哪种方式进行检索（ ）。（单项选择题）

A. 语音检索　B. 图片检索　C. 学术检索　D. 新闻检索

（答案：B）

130. 开放存取的特征是作者付费出版或提交网络服务器、读者免费享用。（ ）（判断题）

（答案：√）

131. 暑假里小叮当卖报纸，他每天早晨以 8 角的价格买 30 份《社区早报》，然后以每份 1 元的价格卖出，那么他每份报纸的利润率是（ ）。（单项选择题）

A.20%　　B.25%　　C.40%　　D.80%

（答案：B）

132. 某投资者以 2 万元购买甲、乙两种股票，甲股票的价格为 8 元 / 股，乙股票的价格为 4 元 / 股，它们的投资额之比是 4：1，在甲、乙股票价格分别为 10 元 / 股和 3 元 / 股时，该投资者全部抛出这两种股票，他共获利（　　）。（单项选择题）

A. 3000 元　B. 3889 元　C. 4000 元　D. 5000 元

（答案：A）

133. 一公司向银行借款 34 万元，欲按（1/2）：（1/3）：（1/9）的比例分配给下属的甲、乙、丙三车间进行技术改造，则甲车间应得（　　）万元。（单项选择题）

A. 4　　B. 8　　C. 12　　D. 18

（答案：D）

134. 小明卧室地面的长与宽分别为 5 米和 4 米，用边长为 40 厘米的正方形地砖铺满整个地面，至少需要多少（　　）块这样的地砖。（单项选择题）

A. 115　　B. 120　　C. 125　D. 130

（答案：C）

135. 一款衬衣以原价格购买，可以买 5 件；降价后，可以买 8 件。则该衬衫降价的百分比是（　　）。（单项选择题）

A. 25%　　B. 37.5%　　C. 40%　　D. 60%

（答案：B）

136. 下面关于计量单位的描述错误的是（　　）。（单项选择题）

A. 飞机每小时大约飞行 800 千米　B. 课桌高约 70 厘米

C. 两袋水泥约重 100 千克　　　　D. 1 光年是 365 天

（答案：D）

137. 下面关于计量单位的描述正确的是（　　）。（单项选择题）

A. 如果每个学生体重是 25 千克，那么 40 个学生的体重就是 1 吨

B. 丽丽的身高是 136 分米

C.1200 千克 -200 千克 =1000 吨

D.1 千克棉花比 1 千克盐酸重

（答案：A）

138. BMI 指数即体质指数，是用体重公斤数除以身高米数平方得出的数字，是目前国际上常用的衡量人体胖瘦程度的一个标准。成人的 BMI 数值与胖瘦关系如下：过轻（低于18.5），正常（18.5—24.99），过重（25—28），肥胖（28—32），非常肥胖（高于 32）。小明身高为 1.75 米，体重为68 千克，请问小明属于（ ）。（单项选择题）

A. 过轻　　B. 正常　　C. 过重　　D. 肥胖

（答案：B）

139. 我国和世界上大多数国家采用 1929 年国际水文地理学会议通过的海里的标准长度，即 1 海里 =1.852 公里。一艘巡洋舰的速度为 20 节（1 节等于每小时 1 海里），该舰的2 小时可以行驶（ ）千米。（单项选择题）

A.74.08　　B.40　　C.37.04　　D.20

（答案：A）

140. 布袋中装有 1 个红球，2 个白球，3 个黑球，它们除颜色外完全相同，从袋中任意摸出一个球，摸出的球是白球的概率是（ ）。（单项选择题）

A.1/5　　B.1/6　　C.1/2　　D.1/3

（答案：D）

141. 有一个正方体，6 个面上分别标有 1—6 这 6 个数字，投掷这个正方体一次，则出现向上一面的数字是偶数的概率为（ ）。（单项选择题）

A.1/3　　B.1/2　　C.1/6　　D.1/4

（答案：B）

142. 一年按 365 天算，两个人的生日相同的概率为（　　）。（单项选择题）

A.1/12　　　B.1/30　　　C.1/365　　　D.1/4

（答案：C）

143. 下图是由四个直角边分别是 3 和 4 的全等的直角三角形拼成的"赵爽弦图"，小亮随机地往大正方形区域内投针一次，则针扎在阴影部分的概率是（　　）。（单项选择题）

A.1/25　　　B.1/12　　　C.1/3　　　D.1/4

（答案：A）

144. 晓芳抛一枚硬币 10 次，有 7 次正面朝上，当她抛第 11 次时，正面向上的概率为（　　）。（单项选择题）

A.1/2　　　B.1/11　　　C.1/7　　　D.1/18

（答案：A）

145. 三个不同商店的消费者的年顾客数量的平均数是（　　）。（单项选择题）

商店名	年顾客数量
长岛公园商店	2150
黄石公园商店	1534
大堡礁商店	3564

A.2416　　　B.1534　　　C.2150　　　D.2450

（答案：A）

146. 中位数是对于有限的数集，可以通过把所有观察值高低排序后找出正中间的一个作为中位数。7 个病人运动伤害的康复天数如下，请计算康复天数的中位数是（   ）。（单项选择题）

病人序号	康复天数
1	43
2	34
3	32
4	12
5	51
6	6
7	27

A.32　　B.12　　C.34　　D.27

（答案：A）

147. 下面的散点图中的点呈现出（   ）关系。（单项选择题）

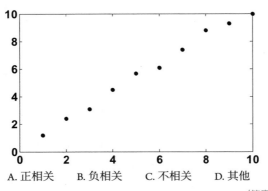

A. 正相关　　B. 负相关　　C. 不相关　　D. 其他

（答案：A）

148. 请选出以下四只股票中波动率最低的一只股票（   ）。（单项选择题）

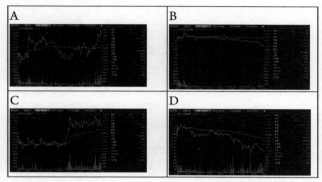

（答案：A）

149. 点 1 至点 100 来自同一个序列，请问第 101 个点最有可能在以下哪个位置（ ）。（单项选择题）

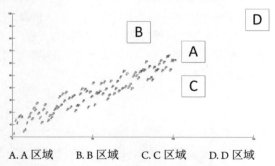

A. A 区域　　B. B 区域　　C. C 区域　　D. D 区域

（答案：A）

150. 董事长：如果提拔小李，就不提拔小孙。以下哪项符合董事长的意思（ ）。（单项选择题）
A. 如果不提拔小孙，就提拔小李

B. 不能小李和小孙都提拔

C. 小李和小孙都不提拔

D. 除非提拔小李，否则不提拔小孙

(答案：B)

151. 北方人不都爱吃面食，但南方人都不爱吃面食。如果已知上述第一个断定真，第二个断定假，则以下哪项据此不能确定真假（　）。（单项选择题）

I 北方人都爱吃面食，有的南方人也爱吃面食

II 有的北方人爱吃面食，有的南方人不爱吃面食

III 北方人都不爱吃面食，南方人都爱吃面食

A. 只有 I　　B. 只有 II　　C. 只有 III　　D 只有 II 和 III

(答案：D)

152. 网球男子单打比赛在 A、B、C 和 D 四人之间进行。对于谁能夺冠，甲乙丙丁四人进行猜测。甲：A 或者 B 会夺冠；乙：A 和 B 不可能夺冠；丙：D 不可能夺冠；丁：C 会夺冠。结果表明只有一个人猜对了，请问是（　）夺冠。（单项选择题）

A. A 夺冠　　B. B 夺冠　　C. C 夺冠　　D. D 夺冠

(答案：D)

153. 某数学家对某经济学家说，"数学对于经济学研究是不可或缺的"；经济学家反驳说，"再怎么学习数学对于经济学都是不够的"，然后举了很多例子，最后总结说，"所以我不同意你的观点"。请问该经济学家的论证犯了什么错误（　）。（单项选择题）

A. 把必要条件当成充分条件

B. 把充分条件当成必要条件

C. 把充要条件当成必要条件

D. 把充要条件当成充分条件

（答案：A）

154. 布莱德的年龄是其父亲年龄的一半，而他父亲的年龄是他侄女艾美达年龄的三倍，他们三个人的年龄之和等于布莱德 88 岁祖母的年龄。布莱德的年龄是多大（　　）。（单项选择题）

A. 24　　B. 30　　C. 33　　D. 88

（答案：A）

155. 掷两颗骰子，两颗骰子点数之和必然在 2 和 12 之间，问点数之和出现的可能性最大是多少（　　）。（单项选择题）

A. 10　　B. 8　　C. 7　　D. 6

（答案：C）

156. 将正整数按如图所示的规律排列下去，若用有序数对（n，m）表示第 n 排、第 m 个数，比如（4，3）表示的数是 9，则（7，2）表示的数是（　　）。（单项选择题）

1

2 3

4 5 6

7 8 9 10

·····························

A. 14　　B. 20　　C. 21　　D. 23

（答案：D）

157. 根据牛顿的万有引力定律，即任意两个物体通过连心线方向上的力相互吸引。该引力大小与它们质量的乘积成正比与它们距离的平方成反比。请问如下两个物体之间是否存

在万有引力（　　）。（单项选择题）

I 地球和月球之间

II 地球和地球上的人之间

III 上升的火箭和火星

IV 上升的火箭和地面上的人

A. 只有 I   B. 只有 I 和 II

C. 只有 I，II 和 III   D. I，II，III 和 IV

（答案：D）

158. 下列事件中，必然事件是（　　）。（单项选择题）

A. 中秋节晚上能看到月亮   B. 今天考试小明能得满分

C. 早晨的太阳从东方升起   D. 明天气温会升高

（答案：C）

159. 物质是由分子、原子等微观粒子构成的。（　　）（判断题）

（答案：√）

160. 分子总是在不断运动着。（　　）（判断题）

（答案：√）

161. 分子是由（　　）构成的。（单项选择题）

A. 离子   B. 粒子   C. 原子   D. 电子

（答案：C）

162. "墙内开花墙外香"的原因是（　　）。（单项选择题）

A. 分子不断分解   B. 分子变成原子

C. 分子是静止的   D. 分子不断运动

（答案：D）

163. 气体可压缩存储在钢瓶中是因为（　　）。（单项选择题）

A. 分子之间有间隔   B. 分子有弹性

C. 分子不断运动   D. 分子可分解为原子

（答案：A）

164. 水蒸发时，水由液态变为气态，水分子（　　）。（单项选择题）

A. 分解成氢原子与氧原子　　B. 体积膨胀

C. 没有改变　　　　　　　　D. 质量变小

（答案：C）

165. 密度是物质的基本性质之一，每种物质都有自己的密度。（　　）（判断题）

（答案：√）

166. 温度不可以改变物质的密度。（　　）（判断题）

（答案：×）

167. 物质从固态变成液态的过程叫作（　　）。（单项选择题）

A. 溶解　　B. 熔化　　C. 升华　　D. 凝固

（答案：B）

168. 水"开"了这一生活用语在物理中叫作（　　）。（单项选择题）

A. 沸腾　　B. 煮开　　C. 液化　　D. 升华

（答案：A）

169. 以下哪一种力不是四大基本相互作用力（　　）。（单项选择题）

A. 万有引力　　　　　　B. 弹力

C. 强相互作用　　　　　D. 电磁相互作用

（答案：B）

170. 以下哪一种现象和气压无关（　　）。（单项选择题）

A. 马德堡半球实验　　　B. 伯努利效应

C. 高压锅煮饭　　　　　D. 冬天窗上的冰花

（答案：D）

171. 大气压是大气产生的压强，标准大气压等于 760 mm 水银
柱产生的压强，大小为 1.013×10^5 Pa，当随着高度增高的
时候大气压会怎样变化（　）。（单项选择题）

　　A. 变大　　　B. 变小　　　C. 不变　　　D. 先变小后变大

（答案：B）

172. 人造地球卫星、宇宙飞船、航天飞机在进入环地轨道后，
其中的人和物体会处于失重状态，那么此时的人或物体将
不受地球引力的作用（　）（判断题）

（答案：×）

173. 以下哪一种做法是为了减小摩擦力（　）。（单项选择题）

　　A. 往锁眼里加碳粉

　　B. 体操运动员上场前涂的白色粉末

　　C. 下雪后往路面上撒煤渣

（答案：A）

174. 力是改变物体运动状态的原因。（　）（判断题）

（答案：√）

175. 甲、乙两人手拉手玩拔河游戏，结果甲胜乙败，那么甲乙
两人谁受拉力大（　）。（单项选择题）

　　A. 甲的拉力大　　　　　　　　B. 乙的拉力大

　　C. 甲乙拉力一样大　　　　　　D. 不确定

（答案：C）

176. 一切物体总保持匀速直线运动状态或静止状态，除非作用
在它上面的力迫使它改变这种状态。（　）（判断题）

（答案：√）

177. 物体加速度的大小跟它受到的作用力成（　）、跟它的质
量成（　），加速度的方向跟作用力的方向（　）。（单项

选择题)

A. 反比、正比、相反　　 B. 反比、正比、相同

C. 正比、反比、相反　　 D. 正比、反比、相同

(答案：D)

178. 平时去医院拍胸片用到的 X 光是一种（　　）。（单项选择题）

A. 电磁波　　 B. 机械波　 C. 弹性波

(答案：A)

179. 我们晒太阳的时候会感到温暖，因为光是能量的一种形式。（　　）（判断题）

(答案：√)

180. 同等条件下，紫外线比可见光传播得更快。（　　）（判断题）

(答案：×)

181. 电影屏幕对光的反射是（　　）。（单项选择题）

A. 漫反射　　　　 B. 镜面反射　　　　 C. 条件反射

(答案：A)

182. 平面镜成像时，下列说法哪个是错误的。（　　）（单项选择题）

A. 像与物大小相等

B. 像与物到镜面的距离相等

C. 像与物上下相反

(答案：C)

183. 下列"像"中属于虚像的是（　　）。（单项选择题）

A. 平面镜成像

B. 电影屏幕上的像

C. 相机底片上的像

(答案：A)

184. 把筷子斜插入水中，筷子看起来像弯折了，这是由于光由一种介质射入另一种介质时发生了（　）现象。（单项选择题）

A. 反射　　　　B. 折射　　　　C. 散射

（答案：B）

185. 平时金属内自由电子运动的方向杂乱无章，但接上电池以后，它们就会做定向移动，电荷的定向移动形成（　）。（单项选择题）

A. 电容　　　　B. 电压　　　　C. 电流

（答案：C）

186. 以下关于电路的说法哪种是错误的（　）。（单项选择题）

A. 正常接通，电器能够工作的电路叫作通路

B. 电路中某处被切断，电路中不会有电流流过，叫作闭路

C. 直接用导线把电源的正负极连接起来叫作短路

（答案：B）

187. 电路有并联和串联两种基本连接方式。（　）（判断题）

（答案：√）

188. 电流的单位是。（　）。（单项选择题）

A. 安培　　　　B. 伏特　　　　C. 欧姆

（答案：A）

189. 绝缘体的电阻大。（　）（判断题）

（答案：√）

190. 飞在空中的足球，离开地面，不具有重力势能。（　）（判断题）

（答案：×）

191. 自然界中的能量转化非常普遍，"摩擦生热"的能力转化

是（　）。（单项选择题）

A. 机械能转化为内能　　　　　　B. 内能转化为机械能

C. 重力势能转化为动能　　　　　D. 化学能转化为内能

（答案：A）

192. 能量既不会凭空消灭，也不会凭空产生，只会从一种形式转化为其他形式，或者从一个物体转移到其他物体。（　）（判断题）

（答案：√）

193. 以下关于效率的描述中一定错误的是（　）。（单项选择题）

A. 某太阳能电池工作效率是 10%

B. 某柴油机工作效率是 35%

C. 某热水器工作效率是 100%

D. 某电动机工作效率是 83%

（答案：C）

194. 不少人设想制造一种不需要动力就能源源不断地对外做功的机器，人们把这种机器叫作永动机。永动机是否能制造出来（　）。（单项选择题）

A. 可以　　　　　　　　　　　　B. 不可以

C. 现在不可以，但将来可以　　　D. 不能确定

（答案：B）

195. 每个水分子是由（　）个氢原子和（　）个氧原子构成的。（单项选择题）

A. 2，1　　B. 1，2　　C. 3，1　　D. 1，3

（答案：A）

196. 水中含有（　）和（　）两种元素。（单项选择题）

A. 氢、氧　　B. 氢、碳　　C. 氧、碳　　D. 氮、氧

（答案：A）

197. 氢气在空气或氧气里燃烧能生成水。（ ）（判断题）

(答案：√)

198. 含有较多可溶性钙、镁化合物的水叫作硬水。（ ）（判断题）

(答案：√)

199. 生物体内都含有水，成年人体内水的质量百分比为65%—70%。（ ）（判断题）

(答案：√)

200. CO_2 能溶于水，生产汽水等碳酸型饮料就是利用了 CO_2 的这一性质。（ ）（判断题）

(答案：√)

201. （ ）不燃烧，也不支持燃烧，而应用于常见的灭火设备。（单项选择题）

A.CO_2　　　B.O_2　　　C.H_2　　　D.CO

(答案：A)

202. 空气中的氮气和氧气的体积百分比分别是78%和21%。（ ）（判断题）

(答案：√)

203. 氧气的化学性质比较活泼，能支持燃烧。（ ）（判断题）

(答案：√)

204. 在地壳中，含量较多的四种元素类型的顺序是（ ）。（单项选择题）

A. 氧硅铝铁　B. 碳氮氧氢　C. 氢氧氮碳　D. 铁铝硅氧

(答案：A)

205. 在人体中，含量较多的四种元素是氧碳氢氮。（ ）（判断题）

(答案：√)

206. 人体中含量最多的金属元素是（　）。（单项选择题）

A. 钙　　B. 铁　　C. 碳　　D. 铜

（答案：A）

207. 下列表示铜的元素符号是（　）。（单项选择题）

A. Ca　　B. Cd　　C. Cu　　D. Cr

（答案：C）

208. 在化学反应中，参加反应的各物质的质量总和等于反应后生成各物质的质量总和。（　）（判断题）

（答案：√）

209. 镁粉在空气中燃烧后，生成物的质量跟镁粉的质量相等。（　）（判断题）

（答案：×）

210. 氢气在氧气中燃烧，参加反应的氢气和氧气的体积之和，等于生成水的体积。（　）（判断题）

（答案：×）

211. 高锰酸钾加热分解，不可能的产物是（　）。（单项选择题）

A. 锰酸钾　　B. 二氧化锰　　C. 氧气　　D. 二氧化碳

（答案：D）

212. 铁为金属元素，汞为非金属元素。（　）（判断题）

（答案：×）

213. 通常情况下，金属汞为固态。（　）（判断题）

（答案：×）

214. 镁、铁、铝、铜都能与稀盐酸反应放出氢气。（　）（判断题）

（答案：×）

215. 下列哪项不是防止金属腐蚀常用的方法（　）。（单项选

择题)

    A. 打磨　B. 涂油　C. 镀铬　D. 刷漆

(答案：A)

216. 下列化合物中哪些全是盐。（　）（单项选择题）

    A. NaCL、CaCL$_2$、MgCL$_2$

    B. NaOH、Ca(OH)$_2$、Mg(OH)$_2$

    C. HCl、HCOOH、H$_2$SO$_4$

    D. Na$_2$SO$_4$、CaSO$_4$、H$_2$SO$_4$

(答案：A)

217. 厕所用清洁剂中含有盐酸，如果不慎洒到大理石地面上，会有气体产生，这种气体主要是（　）。（单项选择题）

    A. 氯气　　　B. 氢气　　　C. 氧气　　　D. 二氧化碳

(答案：D)

218. 碳酸氢钠是烤制糕点所用的发酵粉的主要成分之一，是因为其加热会放出（　）。（单项选择题）

    A. 氧气　　　B. 二氧化碳　　　C. 氯气　　　D. 氢气

(答案：B)

219. 露天的大理石雕刻作品会被酸雨腐蚀，是因为酸雨中含有大量的醋酸。（　）（判断题）

(答案：×)

220. 地球是一颗（　）。（单项选择题）

    A. 恒星　　　B. 行星　　　C. 卫星

(答案：B)

221. 我们在夜空中看到的星星，绝大部分是（　）。（单项选择题）

    A. 彗星　　　B. 行星　　　C. 恒星

(答案：C)

222. 宇宙大爆炸是指（　　）。（单项选择题）

A. 宇宙早期曾经历过一段高温度高密度并持续膨胀的过程

B. 发生在宇宙中的超新星爆炸现象

C. 宇宙中发生的各种核爆炸现象

（答案：A）

223. 地球上昼夜更替的原因是（　　）。（单项选择题）

A. 地球自转　　　B. 地球公转　　　C. 月亮遮挡太阳

（答案：A）

224. 月亮的圆缺（即月相）是（　　）造成的。（单项选择题）

A. 地球的遮挡　　　B. 月球的自转　　　C. 月球的公转

（答案：C）

225. 地球上看不到月球背面的原因是（　　）。（单项选择题）

A. 月球的自转周期和绕地球的公转周期相等

B. 地球公转

C. 月亮遮挡

（答案：A）

226. 地球上有一年四季的原因是（　　）。（单项选择题）

A. 地球自转轴倾斜

B. 地球与太阳之间距离远近的变化

C. 太阳表面温度的变化

（答案：A）

227. 海边的潮汐主要是太阳和月球对地球的引力影响导致的。
（　　）（判断题）

（答案：√）

228. 北斗七星所在的星座被称为（　　）。（单项选择题）

A. 大熊座　　B. 小熊座　　C. 双鱼座

（答案：A）

229. 彗星在民间被称为扫帚星，彗星的尾巴实际上是（　　）。
（单项选择题）

A. 水蒸气和尘埃

B. 彗星与地球大气摩擦产生的现象

C. 流星

（答案：A）

230. 日食是（　　）造成的。（单项选择题）

A. 地球自转　　　B. 地球公转　　　C. 月亮遮挡太阳

（答案：C）

231. 民间传说中的天狗吃月亮，实际上指以下哪种天文现象
（　　）。（单项选择题）

A. 日食　　　B. 月食　　　C. 蓝月亮

（答案：B）

232. 科学家在划分固体地球为三个圈层（即地壳、地幔和地
核）时，主要的根据是（　　）。（单项选择题）

A. 地震波传播速度的变化

B. 科学家向地下打深井而得到的样本成分

C. 厄尔尼诺现象

D. 地球上高大山脉的岩层结构

（答案：A）

233. 根据地震波的探测，地球最外层平均厚度约 100 千米的范
围是带有弹性的坚硬岩石层，称为岩石圈，其范围是指
（　　）。（单项选择题）

A. 地壳　　　　　　　B. 地壳和软流层

C. 地壳和上地幔　　　D. 地壳和上地幔顶部

（答案：D）

234. 由地球表面切线方向作用力引起的，使地壳物质沿平行地球表面大地水准面的切线方向进行的运动称水平运动，常表现为岩层的水平位移，形成强烈的（　）构造，故也称造山运动。（多项选择题）

A. 褶皱　　　B. 隆起　　　C. 断裂　　　D. 凹陷

（答案：AC）

235. 全球的岩石圈板块组成了地球最外层的构造，地球表层的构造运动主要在岩石圈的范围。（　）（判断题）

（答案：√）

236. 空气的垂直与水平运动显著，其物质运动和能量转化，通过水分的三态变化产生一系列物理过程，反映出复杂的天气现象，故（　）对地表自然环境影响最大，与人类关系也最密切。（单项选择题）

A. 平流层　　　B. 对流层　　　C. 中间层

（答案：B）

237. 地壳中最多的两种元素是（　），它们占整个地壳总重量的 74.9% 以上。（多项选择题）

A. 碳　　　B. 氮　　　C. 硅　　　D. 氧

（答案：CD）

238. 地球圈层主要包括（　）。（多项选择题）

A. 地壳、地幔和地核

B. 岩石圈、生物圈、水圈、大气圈

C. 岩石圈、生物圈、水圈、大气圈、土壤圈

D. 水圈、大气圈、生物圈

（答案：AD）

239. 地球的外部圈层包括大气圈、水圈、生物圈等，这些圈层

之间相互联系、相互制约，形成人类赖以生存和发展的自然环境。（　）（判断题）

（答案：√）

240. 地球总面积约 5.1 亿平方千米，陆地面积约 1.49 亿平方千米，陆地面积与海洋面积比约为（　）。（单项选择题）
A. 7:3　　B. 4:6　　C. 3:7　　D. 6:4

（答案：C）

241. 全球七大洲中面积最小的洲是（　）。（单项选择题）
A. 北美洲　　B. 欧洲　　C. 南美洲　　D. 亚洲

（答案：B）

242. 在四大洋中面积最大的是（　）。（单项选择题）
A. 印度洋　　B. 太平洋　　C. 印度洋　　D. 北冰洋

（答案：B）

243. 七大洲是全球大陆的总称。地球上共分七大洲，按面积大小依次为亚洲、非洲、南美洲、北美洲、南极洲、欧洲和大洋洲。（　）（判断题）

（答案：×）

244. 关于我国地势特点的说法，正确的是（　）。（单项选择题）
A. 地形多种多样，平原面积所占比例最大
B. 西高东低，呈阶梯状分布
C. 多山地高原，四周低、中间高
D. 西高东低，山脉呈网络状分布

（答案：B）

245. 关于我国地理概况的描述，错误的是（　）。（单项选择题）
A. 地跨热带、北温带、北寒带
B. 领土最南端在海南省，最北端在黑龙江省

C. 位于亚洲的东部、太平洋西岸，海陆兼备

D. 南与越南、老挝、缅甸山水相邻

（答案：A）

246. 我国陆地面积居世界 （　）。（单项选择题）

A. 第一位　　　B. 第二位　　　C. 第三位　　　D. 第四位

（答案：C）

247. 我国陆上国界长达 2 万多千米，共有 14 个陆上邻国，其中包括 （　）。（单项选择题）

A. 韩国　　　　　　　　　B. 尼泊尔

C. 菲律宾（东南面）　　　D. 马来西亚

（答案：B）

248. 天气气候灾害预警信号有着不同的等级和含义。如以下图标代表 （　）。（单项选择题）

A. 龙卷风红色预警信号

B. 暴风红色预警信号

C. 台风红色预警信号

D. 大风红色预警信号

（答案：C）

249. 春末夏初，京津冀地区易出现的气象灾害是 （　）。（单项选择题）

A. 台风　B. 洪涝　C. 干旱　D. 寒潮

（答案：C）

250. 中国气候的基本特点是（　　）。（多项选择题）

    A. 类型多样　　　　　　　　　B. 大陆性季风气候明显

    C. 水热条件空间差异大　　　　D. 无季风环流

（答案：ABC）

251. 蓝、黄、橙、红四种颜色的大风预警信号中，级别最高的是（　　）。（单项选择题）

    A. 蓝　　B. 黄　　C. 橙　　D. 红

（答案：D）

252. 天气符号 ∞ 代表的天气现象是（　　）。（单项选择题）

    A. 霾　　B. 雾　　C. 沙尘暴　　D. 雷电

（答案：A）

253. 我国内流区和外流区河流，汛期都在夏季的原因是（　　）。（单项选择题）

    A. 都受夏季风的影响

    B. 都受夏季气温的影响

    C. 都受地形的影响

    D. 外流区受夏季风影响，内流区受夏季气温影响

（答案：D）

254. 关于水循环的错误说法是（　　）。（单项选择题）

    A. 水循环使水资源不断更新，数量无限

    B. 海陆间大循环和陆地循环都能使水资源得到更新

    C. 水循环联系了大气圈、水圈、岩石圈和生物圈

    D. 水循环能深刻而广泛地影响全球地理环境

（答案：A）

255. 形成地球水循环的内因是水的"三态"在常温条件下可以相互转化，而形成水循环的动力条件则是（　　）。（多项选

择题)

 A. 气温变化   B. 重力

 C. 地球磁场   D. 太阳辐射

(答案: BD)

256. 有关我国旱涝灾害的叙述正确的是 ( )。(单项选择题)

 A. 旱灾与我国降水的时间分配不均匀无关

 B. 西北地区旱情严重, 东部季风区不会出现旱灾

 C. 旱涝灾害只发生在夏秋季节

 D. 洪涝灾害是我国东部平原地区的多发灾害之一

(答案: D)

257. 细胞是生物体形态结构和生命活动的基本单位, 是生物个体组织、器官的结构基础。( )(判断题)

(答案: √)

258. 细胞与细胞孤立存在, 之间不存在通信。( )(判断题)

(答案: ×)

259. 一般细胞的直径大小为 ( )。(单项选择题)

 A.1—5 厘米   B.1—10 毫米

 C.10—100 微米   D.1—10 纳米

(答案: C)

260. 人和动物细胞的遗传物质储藏于 ( )。(单项选择题)

 A. 细胞膜   B. 核糖体

 C. 溶酶体   D. 细胞核

(答案: D)

261. 生物的主要分类不包括 ( )。(单项选择题)

 A. 动物   B. 植物

 C. 微生物   D. 矿物

(答案: D)

262. 下列动物中用肺呼吸的是（　　）。（单项选择题）

    A. 鲨鱼   B. 鲸鱼

    C. 鲫鱼   D. 肺鱼

（答案：B）

263. 广谱抗生素可以杀死多种细菌和病毒。（　　）（判断题）

（答案：×）

264. 冬虫夏草是一种（　　）。（单项选择题）

    A. 植物   B. 动物

    C. 真菌   D. 细菌

（答案：C）

265. 现代科学认为地球生命最可能起源于（　　）。（单项选择题）

    A. 古代地球上的非生命物质经过长期演化而来

    B. 上帝一周之内创造

    C. 女娲用泥土创造

    D. 外星文明

（答案：A）

266. 现代科学认为现存的生物是经过长期演化过程逐渐发展起来的，这个观点的主要证据不包括（　　）。（单项选择题）

    A. 微信上的内容

    B. 古生物学（例如化石）

    C. 发育生物学（例如不同物种发育过程的相似性）

    D. 分子生物学（例如不同物种的 DNA、蛋白质序列相似性）

（答案：A）

267. 在植物演化过程中，依次出现的为藻类、苔藓、蕨类、裸子植物（如松树）、被子植物（如开花植物）。其中最先离开水生环境、适应了陆地环境的是（　　）。（单项选择题）

A. 藻类植物　　　　B. 蕨类植物

C. 裸子植物　　　　D. 被子植物

（答案：B）

268. 在脊椎动物演化过程中，依次出现的为鱼类、两栖类（如蛙）、爬行类（如龟）、鸟类和哺乳类。其中最先完全适应了陆地环境的动物是（　　）。（单项选择题）

A. 鱼类　　　　　　B. 两栖类

C. 爬行类　　　　　D. 哺乳类

（答案：B）

269. 叶片的颜色之所以是绿色的，是因为叶片所含的叶绿素吸收了可见光光谱中处于绿色波段的光。（　　）（判断题）

（答案：×）

270. 光合作用只发生在陆地上，海洋湖泊中没有光合作用发生。（　　）（判断题）

（答案：×）

271. 光合作用释放的氧气来源于（　　）。（单项选择题）

A. 空气中的二氧化碳　　　　B. 空气中的氧气

C. 水　　　　　　　　　　　D. 土壤

（答案：C）

272. 能进行光合作用的生物是（　　）。（单项选择题）

A. 酿酒酵母　　　　B. 大肠杆菌

C. 蓝藻　　　　　　D. 萤火虫

（答案：C）

273. 属于遗传物质的是（　　）。（单项选择题）

A. 核酸　　　　　　B. 蛋白质

C. 多糖　　　　　　D. 脂质复合物

（答案：A）

274. DNA 分子中含有基因, 可进一步指导蛋白质合成, 在多种生命活动中发挥功能。(　)（判断题）

(答案: √)

275. 人体细胞中, DNA 分布在细胞核内, 是染色体的主要成分, 不是基因的载体。(　)（判断题）

(答案: ×)

276. 不构成核酸分子的是 (　)。（单项选择题）

A. 氨基酸　　　　　　　B. 含氮碱基
C. 核糖或脱氧核糖　　　D. 磷酸

(答案: A)

277. 下述关于 DNA 分子的叙述中, 不正确的是 (　)。（单项选择题）

A. DNA 是由两条多聚核苷酸链形成的双螺旋结构
B. 多聚核苷酸的磷酸 - 糖链形成双螺旋结构的骨架
C. 双螺旋结构中的碱基是随机配对的
D. 碱基 A-T 间形成两对氢键, 碱基 C-G 间形成三对氢键

(答案: C)

278. 所有生态系统都可以区分为四个组成成分, 即生产者、消费者、分解者和 (　)。（单项选择题）

A. 非生物环境　　　B. 温度
C. 空气　　　　　　D. 矿质元素

(答案: A)

279. 假定在一个由草原、鹿和狼组成的相对封闭的生态系统中, 把狼杀绝, 鹿群的数量将会 (　)。（单项选择题）

A. 迅速上升　　　　B. 缓慢下降
C. 保持相对稳定　　D. 上升后又下降

(答案: D)

280. 下列几种生态系统中，自动调节能力最强的是（　　）。（单项选择题）

     A. 北方针叶林　　　　　B. 温带落叶林

     C. 温带草原　　　　　　D. 热带雨林

     （答案：D）

281. 食物网越复杂，生态系统就越稳定；食物网越简单，生态系统就越容易发生波动或遭受毁灭。（　　）（判断题）

     （答案：√）

282. 生物多样性包括遗传多样性、生态系统多样性、景观多样性和（　　）。（单项选择题）

     A. 物种多样性　　　　　B. 品种多样性

     C. 种类多样性　　　　　D. 环境多样性

     （答案：A）

283. 目前生存着的数目最大的植物是（　　）。（单项选择题）

     A. 石松　　　　　　　　B. 裸子植物

     C. 被子植物　　　　　　D. 蕨类

     （答案：C）

284. 物种数量最多的纲是（　　）。（单项选择题）

     A. 哺乳纲　　　　　　　B. 昆虫纲

     C. 鸟纲　　　　　　　　D. 两栖纲

     （答案：B）

285. 属于鱼类的是（　　）。（单项选择题）

     A. 娃娃鱼　　　　　　B. 鲫鱼

     C. 鲸鱼　　　　　　　D. 田鸡

     （答案：B）

286. 关于肝脏描述，正确的是（　　）。（多项选择题）

A. 能分泌胆汁   B. 有解毒功能

C. 是人体重要的消化器官   D. 肝脏有左右两个

（答案：ABC）

287. 肾脏主要功能是生成尿液。（ ）（判断题）

（答案：√）

288. 关于肺的说法，正确的是（ ）。（单项选择题）

A. 不参与血液循环

B. 位于腰部脊柱两侧，左右各一

C. 从外界吸收氧气，排除体内二氧化碳

D. 位于腹腔，左右各一

（答案：C）

289. 正常人的体温在一天内可以上下波动，但是波动范围一般不会超过 1 ℃。（ ）（判断题）

（答案：√）

290. 成年人的正常脉搏次数是（ ）。（单项选择题）

A. 30 ～ 50 次 / 分钟   B. 60 ～ 100 次 / 分钟

C. 100 ～ 120 次 / 分钟   D. 120 ～ 140 次 / 分钟

（答案：B）

291. 下面是一组收缩压和舒张压（俗称高压和低压）测量值，属于正常血压的是（ ）。（单项选择题）

A. 120/80 毫米汞柱   B. 140/70 毫米汞柱

C. 140/95 毫米汞柱   D. 100/60 毫米汞柱

（答案：A）

292. 人的血型有（ ）。（多项选择题）

A. A 型   B. B 型   C. O 型   D. AB 型

（答案：ABCD）

293. 人出生后有 2 个生长发育高峰，分别是（　）。（多项选择题）

A. 婴儿期　　　B. 青春期　　　C. 青年期　　　D. 老年期

（答案：AB）

294. 成人一般每天需要 7—8 小时睡眠，儿童青少年需要更多睡眠。（　）（判断题）

（答案：√）

295. 儿童早期发展是人全面发展的基础，应引起家长重视，这一时期指的是（　）。（单项选择题）

A. 0～1 岁　　B. 0～3 岁　　C. 1～3 岁　　D. 3～6 岁

（答案：B）

296. 对于正常人，下列哪些因素可以引起血压的短暂波动（　）（多项选择题）

A. 尖锐噪声　　　　B. 情绪激动

C. 剧烈运动　　　　D. 大量饮水

（答案：ABC）

297. 肥胖的人更容易患心血管疾病。（　）（判断题）

（答案：√）

298. 与男性相比，女性的体温略低。（　）（判断题）

（答案：×）

299. 定期进行全面健康体检，是自我保健的重要方式之一。（　）（判断题）

（答案：√）

300. 感觉不舒服时，应该（　）。（单项选择题）

A. 及时就医

B. 自行观察 1—2 天后再去就医

C. 自己根据经验到药店买药服用

D. 不采取任何措施

（答案：A）

301. 健康体检的好处包括（　　）。（多项选择题）

A. 可以了解身体健康状况

B. 减少健康危险因素

C. 早期发现疾病

D. 对发现的健康问题及时采取措施

（答案：ABCD）

302. 用玻璃体温计测体温时，应该如何读取数值（　　）。（单项选择题）

A. 手持体温计水银端水平读取

B. 手持体温计玻璃端竖直读取

C. 手持体温计玻璃端水平读取

D. 手持体温计水银端竖直读取

（答案：C）

303. 正常成年人的腋下体温是（　　）。（单项选择题）

A. 35.0 ℃—35.9 ℃　　　　B. 36.0 ℃—37.0 ℃

C. 37.1 ℃—37.5 ℃　　　　D. 37.5 ℃—38℃

（答案：B）

304. 测量血压前应在安静环境休息 5～10 分钟。（　　）（判断题）

（答案：√）

305. 血压测量一般选取的部位是（　　）。（单项选择题）

A. 左上肢　　B. 右上肢　　C. 左手腕　　D. 右手腕

（答案：B）

306. 如果家里有人得了痢疾等肠道传染病，应对病人的哪些物

品进行消毒（ ）。（多项选择题）

A. 餐具　　　　B. 呕吐物

C. 粪便　　　　D. 坐便器（马桶）

（答案：ABCD）

307. 家庭防蚊、灭蚊主要措施有（ ）。（多项选择题）

A. 使用纱门、纱窗　　　B. 使用蚊帐

C. 及时清理家庭积水　　D. 使用蚊香、灭蚊产品

（答案：ABCD）

308. 流感是由什么引起的（ ）。（单项选择题）

A. 细菌　B. 真菌　C. 病毒　D. 寄生虫

（答案：C）

309. 被狗咬、抓伤后，正确的做法是（ ）。（单项选择题）

A. 立即冲洗伤口，并尽快注射抗狂犬病免疫球蛋白（或血清）和人用狂犬病疫苗

B. 冲洗伤口后，包扎伤口

C. 不用冲洗，包扎好伤口即可

D. 给伤口消毒

（答案：A）

310. 预防乙肝的首选措施是（ ）。（单项选择题）

A. 注意饮食卫生，把好"病从口入"关

B. 接种乙肝疫苗

C. 开窗通风

D. 锻炼身体

（答案：B）

311. 肺结核病的主要传播途径是（　）。（单项选择题）

A. 空气传播　　　　B. 食物传播

C. 血液传播　　　　D. 性传播

（答案：A）

312. 以下哪些人群更容易得高血压（　）。（多项选择题）

A. 饮食偏咸的人群

B. 超重、肥胖的人群

C. 经常运动的人群

D. 有高血压家族史的人群

（答案：ABD）

313. 得了糖尿病，就应该不吃主食。（　）（判断题）

（答案：×）

314. 每一个劳动者都应遵守劳动纪律和生产操作规程，提高安全意识。（　）（判断题）

（答案：√）

315. 劳动者职业健康检查的费用应由（　）来承担。（单项选择题）

A. 劳动者　　　　　　　　B. 用人单位

C. 用人单位和劳动者按比例　　D. 医院

（答案：B）

316. 从事有毒有害作业时，工作人员应该（　）。（单项选择题）

A. 穿工作服　　　　　　　B. 戴安全帽

C. 使用个人职业病防护用品　　D. 戴口罩

（答案：C）

317. 下列哪些属于职业有害因素（　）（多项选择题）

A. 粉尘　　　　　　　B. 噪声

C. 电离辐射　　　　D. 大气污染

（答案：ABC）

318. 没有绝对的心理健康，每个人在一生中都会遇到各种心理卫生问题。（　）（判断题）

（答案：√）

319. 关于抑郁症，正确的说法有（　）。（单项选择题）

A. 抑郁症就是无病呻吟，根本不算病

B. 性格外向的人不会得抑郁症

C. 爱运动的人不会得抑郁症

D. 悲观、无助等负面情绪持续 2 周以上，甚至出现自杀念头或行为，就有可能患了抑郁症

（答案：D）

320. 出现心神不宁，站不住，坐不住，总担心会有不好的事情发生等现象，持续时间超过 2 周，可能患有焦虑症。（　）（判断题）

（答案：√）

321. 定期复查是指按照医嘱定期到医院进行检查。（　）（判断题）

（答案：√）

322. 不按照医生的要求服用降压药是危险的，容易导致心脑血管意外。（　）（判断题）

（答案：√）

323. 当患者依照医生的治疗方案服药后出现了不良反应，正确的做法是（　）。（单项选择题）

A. 自行停药　　　B. 找医生处理

C. 继续服药　　　D. 自行服用其他药物

（答案：B）

324. 关于合理用药的说法，正确的是（　）。（多项选择题）

    A. 能口服不打针　　　B. 根据经验用药

    C. 能打针不输液　　　D. 发烧了，要赶紧输液

（答案：AC）

325. 处方药必须在医务人员指导下，凭执业医师处方购买。（　）（判断题）

（答案：√）

326. 某药品标签上印有"OTC"标志，则该药品为（　）。（单项选择题）

    A. 处方药，必须由医生开处方才能购买

    B. 非处方药，不用医生开处方就可以购买

    C. 保健品

    D. 对于孕妇和婴儿安全

（答案：B）

327. 自行药疗需要注意的事项有哪些方面。（　）（多项选择题）

    A. 购买非处方药时，一定要适量购买

    B. 要及时清理药箱，最好每半年一次

    C. 适当添加一些常备药，如止痛药、感冒药等

    D. 特殊人群用药一定要先咨询医生意见

（答案：ABCD）

328. 以下哪个说法最符合中医的健康理念。（　）（单项选择题）

    A. 个体的健康仅仅取决于先天因素

    B. 个体的健康仅仅与后天生活环境条件有关

    C. 个体的健康状况不仅仅取决于先天因素，还与后天生活环境条件以及自我心身调养的水平有关

    D. 先天因素比后天因素更重要

（答案：C）

329. 根据中医"治未病"思想，"未病先防"是指（　）。（单项选择题）

A. 在日常生活中，采取预防措施，防止生病

B. 生病之后，要防止其进一步发展和恶化

C. 在疾病好转或治愈后，还要防止复发

D. 在生病后，及时就诊

（答案：A）

330. 根据中医的养生保健理论，养生保健应从何时开始。（　）。（单项选择题）

A. 青少年　　　B. 中年　　　C. 出现症状后　　　D. 不知道。

（答案：A）

331. 中医常说的"病入膏肓"形容的是（　）。（单项选择题）

A. 病很快就好了　　　B. 病情严重

C. 病情好转　　　　　D. 病情比较轻

（答案：B）

332. 吸食冰毒、摇头丸等是违法行为。（　）（判断题）

（答案：√）

333. 关于吸毒的危害，下列提法正确的是。（　）（多项选择题）

A. 危害健康

B. 危害社会

C. 危害家庭

D. 属于个人行为，没有明显危害

（答案：ABC）

334. 青少年吸食毒品，主要原因有（　）。（多项选择题）

A. 无知和轻信　　　B. 追求刺激和享受

C. 不良交往　　　　D. 排解压力

（答案：ABCD）

335. "摇头丸"不是毒品，只是一种"娱乐性"食品。（ ）
（判断题）

（答案：×）

336. 同学朋友聚会弄点摇头丸、K粉给大家吃吃，开开心，不
违法。（ ）（判断题）

（答案：×）

337. 食物要多样化，膳食应该以谷类食物为主。（ ）（判断题）

（答案：√）

338. 肉类食品营养丰富，能提供人体需要的蛋白质和能量，因
此可以用肉食代替主食。（ ）（判断题）

（答案：×）

339. 要达到营养平衡，最重要的原则是（ ）。（单项选择题）
A. 食物种类多样　　　B. 肉蛋奶为主
C. 蔬菜水果为主　　　D. 尽量少吃主食

（答案：A）

340. 为了增加优质蛋白的摄入量，可以适当多吃（ ）。（单项
选择题）
A. 玉米、小麦等主食　　　B. 蔬菜
C. 豆制品　　　D. 水果

（答案：C）

341. 一般情况下，成人每天应喝7至8杯水（1500至1700毫
升）。（ ）（判断题）

（答案：√）

342. 关于生熟食品分开加工和存放，以下说法正确的是
（ ）。（单项选择题）
A. 为了食用方便

B. 可以防止生食品中的细菌、寄生虫卵等污染熟食品

C. 可以防止熟食品污染生食品

D. 生熟食品没有必要分开加工和存放

（答案：B）

343. 食用鲜豆浆，以下哪种食用方法最安全（　）。（单项选择题）

A. 必须将鲜豆浆彻底煮沸并持续 5 分钟后再食用

B. 鲜豆浆压榨经过滤后即可食用

C. 加入一定量的开水后便可食用

D. 煮沸后就可以了，不需要持续加热

（答案：A）

344. 以下食物中，可引起食物中毒的有（　）。（多项选择题）

A. 未煮熟的豆角　　　　B. 煮熟的豆浆

C. 发芽土豆　　　　　　D. 煮熟的黄花菜

（答案：AC）

345. 以下关于保质期的几种说法，正确的是（　）。（多项选择题）

A. 不购买超过保质期的食品

B. 不吃超过保质期的食品

C. 过了保质期的食品加热蒸煮后还可以吃

D. 不购买包装上没有保质期的食品

（答案：ABD）

346. 食品贮存不当可引起食物中毒，如发芽土豆可引发食物中毒。（　）（判断题）

（答案：√）

347. 食用变质的食物，一般可引起（ ）。（多项选择题）

A. 咳嗽   B. 呕吐   C. 腹痛   D. 腹泻

（答案：BCD）

348. 吃没有烧熟煮透的食物，可能会引起（ ）。（多项选择题）

A. 肠道传染病   B. 食物中毒

C. 农药中毒   D. 寄生虫感染

（答案：ABD）

349. 吸烟可以引起多种癌症。（ ）（判断题）

（答案：√）

350. 孕妇饮酒不会影响胎儿。（ ）（判断题）

（答案：×）

351. 吸烟可以引起以下哪些疾病。（ ）（多项选择题）

A. 肺结核   B. 肺癌

C. 冠心病   D. 脑卒中（中风）

（答案：BCD）

352. 以下关于女性吸烟说法，正确的是（ ）。（单项选择题）

A. 女性吸烟可以减肥，保持好的身材

B. 女性吸烟标志着妇女地位的提高

C. 女性吸烟易加速衰老

D. 女性吸烟更有魅力

（答案：C）

353. 适量运动可以降低多种慢性病的患病风险。（ ）（判断题）

（答案：√）

354. 运动对健康的好处包括（ ）。（多项选择题）

A. 保持合适的体重   B. 预防慢性病

C. 减轻心理压力   D. 改善睡眠

（答案：ABCD）

355. 中等强度有氧运动是促进健康最基本的运动形式，以下属于中等强度有氧运动的是（　　）。（多项选择题）

A. 慢跑　　　　　　　B. 秧歌舞

C. 骑自行车　　　　　D. 俯卧撑

(答案：ABC)

356. 为了保持身体健康，推荐每周运动 3—5 天，每天至少运动（　　）。（单项选择题）

A. 10 分钟　　　　　　B. 15 分钟

C. 30 分钟　　　　　　D. 3 小时

(答案：C)

357. 儿童青少年预防近视，应该做到（　　）。（多项选择题）

A. 多做户外运动

B. 避免长时间看书

C. 少玩或不玩电子游戏

D. 不需要预防，因为可以激光手术纠正

(答案：ABC)

358. 沙眼可以通过共用毛巾传播。（　　）（判断题）

(答案：√)

359. 一般多长时间更换一次牙刷（　　）。（单项选择题）

A. 1 个月　　　B. 3 个月　　　C. 6 个月　　　D. 1 年

(答案：B)

360. 以下属于良好口腔卫生行为的是（　　）。（多项选择题）

A. 每天早晚刷牙

B. 饭后漱口

C. 牙刷使用不超过 3 个月

D. 用漱口水代替刷牙

(答案：ABC)

361. 作息规律对健康有好处。（　）（判断题）

（答案：√）

362. 成人每天一般需要多长睡眠时间（　）。（单项选择题）

A. 5—6 小时　　　　　B. 6—7 小时

C. 7—8 小时　　　　　D. 10 小时以上

（答案：C）

363. 有关劳逸结合的说法，正确的是（　）。（多项选择题）

A. 作息时间规律

B. 合理安排工作、学习、娱乐与休息时间

C. 年轻人身体好，经常熬夜也不会对健康有太大损害

D. 只要不困，几点睡觉都行

（答案：AB）

364. 长期睡眠不足可以导致（　）。（多项选择题）

A. 注意力下降　　　　B. 加快衰老

C. 记忆力下降　　　　D. 精神亢奋

（答案：ABC）

365. 普通五座小型汽车承载核定人数为 5 人即最多能乘坐五人，超出的婴儿、儿童不视为超员。（　）（判断题）

（答案：×）

366. 驾驶机动车在道路上向左变更车道时如何使用灯光（　）。（单项选择题）

A. 不用开启转向灯　　　　B. 提前开启右转向灯

C. 提前开启左转向灯　　　D. 提前开启近光灯

（答案：C）

367. 自行车停车场处应配建合适的自行车停车标志引导自行车的停放，下面哪个是自行车停车场标志（　）。（单项选择题）

A.

B.

C.

D.

（答案：B）

368. 驾驶机动车在高速公路遇到能见度低于 50 米的气象条件时，最高车速是（　）。（单项选择题）

A. 不得超过 80 公里 / 小时

B. 不得超过 60 公里 / 小时

C. 不得超过 40 公里 / 小时

D. 不得超过 20 公里 / 小时

（答案：D）

369. 全国统一"水上遇险求救"电话是（　）。（单项选择题）

A. 110　　　B. 120　　　C. 12395　　　D. 12328

（答案：C）

370. 已经登记注册的机动车，有下面哪种变动，不必到车管所办理相应的登记手续（　）。（单项选择题）

A. 车辆所有人发生变化　　　　　B. 改变车身颜色

C. 安装行车记录仪　　　　　　　D. 更换发动机

（答案：C）

371. 申请小型汽车准驾车型驾驶证的人需要满足 18 周岁以上 70 周岁以下的年龄条件。（　）（判断题）

（答案：√）

372. 申请小型汽车准驾车型驾驶证的人需要满足 18 周岁以上 60 周岁以下的年龄条件。（　）（判断题）

（答案：×）

373. 驾乘车时系安全带，原因不包括（　）。（单项选择题）

A. 避免和减轻伤害

B. 有效保护乘车人的生命

C. 能够提前抵达目的地

（答案：C）

374. 利用火车出行，旅客可以携带一定的物品上车，下列哪种物品不得携带上车（　）。（单项选择题）

A. 啤酒　　　　　　　　　　B. 充电宝

C. 动物（不包括导盲犬）　　D. 保湿乳

（答案：C）

375. 在乘坐城市轨道交通出行时，乘客如果发现危险物品，应立即远离危险物品，并及时报警。（　）（判断题）

（答案：√）

376. 在乘坐城市轨道交通出行时，乘客如果发现危险物品，应立即查看危险物品状态，再进行报警。（　）（判断题）

（答案：×）

377. 公共汽车发生恐怖劫持后，以下应急避险方式错误的是（　）。（单项选择题）

A. 保持顺从劫持者的姿态

B. 不要离开座位、起身

C. 营救开始时，应当立即放低身体，躲避在座位靠背后不要乱动

D. 立刻与劫持者展开搏斗

（答案：D）

378. 雷雨天气时，可以站在大树下躲雨。（　）（判断题）

(答案：×)

379. 发现有人触电，立即用手将触电者拉开，远离电源。（　）（判断题）

(答案：×)

380. 不用湿手触摸电器，不用湿布擦拭电器。（　）（判断题）

(答案：√)

381. 发现有人触电，应该（　）（多项选择题）

A. 立即用手将触电者拉开

B. 立即关闭电源，再进行施救

C. 用干燥的木棍、竹竿等将触电者与电源分开

D. 立即对触电者进行人工呼吸

(答案：BC)

382. 不要在密闭的室内使用煤炉或燃气热水器。（　）（判断题）

(答案：√)

383. 下面哪种方法可以检查煤气管是否漏气（　）。（单项选择题）

A. 点燃火柴，靠近煤气管看一看是否有火苗

B. 把肥皂水涂抹在可疑位置进行检查

C. 靠近煤气管听一听是否有漏气声

D. 靠近煤气管闻一闻是否有煤气味

(答案：B)

384. 发生煤气中毒后，应首先（　）。（单项选择题）

A. 给病人喝水

B. 给病人保温

C. 将病人移到通风处

D. 拨打 120，送医院治疗

(答案：C)

385. 自然排气式（烟道式）燃气热水器可以安装在室内通风良好的浴室内。（ ）（判断题）

(答案：×)

386. 从售出当日起，使用人工煤气的燃气热水器，判废年限应为 6 年。（ ）（判断题）

(答案：√)

387. 热水器安装位置上方不得有明电线、电器设备、燃气管道，下方不能设置燃气烤炉、燃气灶具等燃气具。（ ）（判断题）

(答案：√)

388. 发现房间燃气泄漏，可以开灯检查寻找泄漏点。（ ）（判断题）

(答案：×)

389. 家用直冷电冰箱机械式温控器的设定方式：冬季设置高温档，夏季设置低温档。（ ）   （判断题）

(答案：×)

390. 太空诱变增加了种质资源的变异度，不利于选育具有优良新性状的作物品种。（ ）（判断题）

(答案：×)

391. 有机食品是来自于有机生产体系，根据有机认证标准生产、加工、储运和销售，并经合法的有机认证机构认证的供人类食用的产品。（ ）（判断题）

(答案：√)

392. 绿色食品分级为（ ）。（单项选择题）

A. A 级

B. A 级和 AA 级

C. A 级、AA 级和 AAA 级

（答案：B）

393. 生活在作物田里的昆虫就是害虫。（ ）（判断题）

（答案：×）

394. 控制病虫草害的农业措施包括种子消毒、清洁田园、合理灌水、合理施肥、（ ）。（单项选择题）

A. 喷剧毒农药 B. 焚烧秸秆 C. 合理轮作和间作

（答案：C）

395. 健康养殖的核心要素主要是（ ）。（多项选择题）

A. 生产的畜禽产品能满足公众消费需求且质量安全可靠

B. 生产过程不会危害周围环境

C. 能产生可观的经济效益

（答案：ABC）

396. 牛、羊、猪、鸡等畜禽自然散养就是健康养殖。（ ）（判断题）

（答案：×）

397. 下面哪种物品不是白色污染（ ）。（单项选择题）

A. 塑料袋 B. 一次性塑料发泡饭盒 C. 玻璃杯

（答案：C）

398. 下面哪种行为不会导致农业面源污染（ ）。（单项选择题）

A. 使用剧毒农药 B. 测土配方施肥 C. 焚烧秸秆

（答案：B）

399. 不断培育土壤，实现农业生产可持续发展的重要途径是（ ）。（单项选择题）

A. 只用地不养地

B. 只养地不用地

C. 用地与养地结合

（答案：C）

400. 土壤的高度熟化是作物高产稳产的根本保证，土壤的熟化主要是由于（　）。（单项选择题）

A. 活土层加厚和有机肥的作用

B. 化肥的作用

C. 农药的作用

（答案：A）

401. 秸秆焚烧的危害有哪些（　）。（单项选择题）

A. 污染大气环境　　　B. 引发火灾

C. 引发交通事故　　　D. 以上都是

（答案：D）

402. 过量使用化肥农药有什么危害。（　）（多项选择题）

A. 浪费紧缺资源，减少农民收入

B. 加剧环境污染，危害人类健康

C. 导致农产品质量下降和不安全

（答案：ABC）

403. 经过去硫处理的蜂窝煤属于农村清洁能源。（　）（判断题）

（答案：×）

404. 测土配方施肥能减少化肥的使用量。（　）（判断题）

（答案：√）

405. 下面哪项不是农村环境污染物的主要来源。（　）（单项选择题）

A. 人畜粪便、污水

B. 农药、化肥不科学使用

C. 秸秆

（答案：C）

406. 人吃了残留有瘦肉精（盐酸克伦特罗）的猪肉尤其是猪肺和猪肝后，对健康危害极大。（　）（判断题）

（答案：√）

407. 食品安全的准确含义应包括食品的（　）。（单项选择题）

A. 质量安全

B. 质量安全和数量安全

C. 质量安全、数量安全和可持续安全

（答案：C）

408. 从事生产或服务人员应严格遵守安全制度和有关操作规定，接受安全教育，了解使用水、电、气及化学试剂的基本知识和紧急事故的处理方法。（　）（判断题）

（答案：√）

409. 劳动场所的安全标志是人们在生活中必须熟知的重要标志，可分为（　）。（多项选择题）

A. 禁止标志　　　　B. 警告标志

C. 指令标志　　　　D. 提示标志

（答案：ABCD）

410. （　）是建筑工地的安全三宝。（多项选择题）

A. 安全带　　　　B. 安全灯

C. 安全帽　　　　D. 安全网

（答案：ACD）

411. 生产或实习人员应遵守车间的各项规章制度，听从师傅的指导，没有认真学习设备的操作规程前，不得马上开动设

备，以免造成伤亡事故，同时必须做到以下几点。（　）（多项选择题）

A. 操作车床刨床等各种机器时，必须集中精力，不得与他人谈话

B. 进行车床加工不得戴手套

C. 进行车床加工必须戴手套

D. 加工的铁屑只能用铁钩清理，不允许用手直接清除

（答案：ABD）

412. 按照企业要求着防护服，进入生产场地应穿工作服戴安全帽，穿胶鞋或运动鞋，不能穿拖鞋或高跟鞋。女士应将头发放在安全帽内。（　）（判断题）

（答案：√）

413. 使用电器要特别注意安全用电，以下正确的做法是（　）。（多项选择题）

A. 不用湿手操作各种电器开关或触摸各种电器

B. 不能在潮湿处使用电器

C. 不能用试电笔去试高压电

D. 使用高压电源应该有专门的防护措施

（答案：ABCD）

414. 一般机器、机械和其他生产设备的最少使用年限为（　）。（单项选择题）

A. 5 年　　B. 10 年　　C. 20 年　　D. 30 年

（答案：B）

415. 生产工具按照用户手册规定的程序进行定期保养可以延长生产工具的使用寿命。（　）（判断题）

（答案：√）

416. 生产工具只要经常加油即可，无须进行其他保养。（ ）
（判断题）

（答案：×）

417. 每次使用电气设备前先试运行一下，检查是否有电火花等
异常情况出现，若发现问题，及时找专职维修人员检修，
直到排除故障后才能操作。（ ）（判断题）

（答案：√）

418. 从事生产或试验时，应先连接好电路后再接通电源，结束
时应先切断（ ），再拆（ ）。修理或安装电器时，应先
切断（ ）。（单项选择题）

A. 线路、电源、电源　　B. 电源、线路、电源

C. 线路、电源、电源　　D. 电源、电源、线路

（答案：B）

419. 如果仪器设备发生一般故障，还可以继续使用。（ ）（判
断题）

（答案：×）

420. 机器人是自动执行工作的装置，它既可以接受人类指挥，
又可以执行人类预先编排的程序，也可以根据以人工智能
技术制定的原则纲领行动。（ ）（判断题）

（答案：√）

421. 实现制造向"智造"的转变，目前的关键技术主要有
（ ）。（多项选择题）

A. 物联网技术　　　B. 大数据技术

C. 新能源技术　　　D. 云计算技术

（答案：ABD）

422. 通过省略某些生产程序，可以大大缩短劳动时间，提高生

产效率。（　）（判断题）

（答案：×）

423. 从业人员在作业过程中发现事故隐患或者其他不安全因素时，应当立即向（　）报告。（单项选择题）

    A. 上级领导

    B. 现场安全生产管理人员或者本单位的负责人

    C. 辖区安全监管部门

    D. 辖区政府部门

（答案：B）

424. 从业人员应当自觉地接受生产经营单位有关安全生产的教育和培训。（　）（判断题）

（答案：√）

425. 生产经营单位的从业人员有依法获得安全生产保障的权利，并应当依法履行安全生产方面的义务。（　）（判断题）

（答案：√）

426. 运输危险化学品，应当根据危险化学品的危险特性采取相应的安全防护措施，并配备必要的防护用品和（　）。（单项选择题）

    A. 灭火器   B. 应急救援器材

    C. 照明设备   D. 通信设备

（答案：B）

427. 根据目前我国有关规定，（　）不属于特种劳动防护用品。（单项选择题）

    A. 头部护具类   B. 防护服类

    C. 手部防护用品   D. 防坠落护具类

（答案：C）

428. 下列粉尘中，（　）不可能发生爆炸。（单项选择题）

　　A. 生石灰　　B. 面粉　　　C. 煤粉　　　D. 铝粉

（答案：A）

429. 用人单位的主要负责人对本单位的职业病防治工作全面负责。（　）（判断题）

（答案：√）

430. 防止过度疲劳的措施包括注意劳逸结合，合理安排休息，合理进行劳动组织，全面改善（　）及改善工作体位，此外，还应重视劳动者的心理因素。（单项选择题）

　　A. 生活条件　　　　　B. 作业人员营养

　　C. 社会环境　　　　　D. 劳动环境和卫生条件

（答案：D）

431. 电石和石灰是（　）。（单项选择题）

　　A. 易燃物品　　　　　B. 遇湿易燃物品

　　C. 氧化剂　　　　　　D. 有毒品

（答案：B）

432. 下列哪个是当心腐蚀标志（　）。（单项选择题）

A.

B.

C.

D.

（答案：B）

433. 下列哪个是有毒物质标志。（ ）（单项选择题）

A.　　　　　B.

C.　　　　　D.

（答案：A）

434. 下列哪个是生物危害标志。（ ）（单项选择题）

A.　　　　　B.

C.　　　　　D.

（答案：B）

435. 建筑施工最大的特点是（ ）。（单项选择题）

A. 露天高处作业多、手工操作、繁重体力劳动

B. 产品流动、人员稳定

C. 施工幅度变化小、规则性强

D. 工作难度大、机械使用多

（答案：A）

436. 从事易燃易爆作业的人员应穿（ ），以防静电危害。（单项选择题）

A. 合成纤维工作服　　　　B. 防油污工作服

C. 含金属纤维的棉布工作服　　D. 普通工作服

（答案：C）

437. 金属燃烧属于（　　）。（单项选择题）

　　　A. 扩散燃烧　　　　　　　B. 蒸发燃烧

　　　C. 分解燃烧　　　　　　　D. 表面燃烧

（答案：D）

438. 超限货物车辆在高度方面是指从地面算起（　　）米以上。（单项选择题）

　　　A.3.0　　B.3.5　　C.4.0　　D.4.5

（答案：C）

439. 超限货物车辆在宽度方面是指货车总宽度（　　）米以上。（单项选择题）

　　　A.2.5　　B.2.8　　C.3.0　　D.3.2

（答案：A）

440. 交通事故专用报案电话为（　　）。（单项选择题）

　　　A.121　　B.120　　C.112　　D.122

（答案：D）

441. 下面哪个不是发生燃烧的必要条件（　　）。（单项选择题）

　　　A. 可燃物　　B. 助燃物　　C. 水　　D. 引火源

（答案：C）

442. 下面哪种灭火方法是错误的（　　）。（单项选择题）

　　　A. 向着火的电器泼水

　　　B. 用锅盖盖在着火的油锅上

　　　C. 利用湿棉被或沙土覆盖在燃烧物表面

　　　D. 将水、泡沫等灭火剂直接喷洒在燃烧的物体上

（答案：A）

443. 高层建筑发生火灾时，人员可通过（　　）逃生。（单项选择题）

A. 安全出口　　　B. 乘坐客梯

C. 从窗户跳出　　D. 乘坐货梯

(答案: A)

444. 干粉灭火器的使用步骤是（　）。①提起灭火器　②握住软管朝向火苗　③拉开安全插销　④用力握下压把　（单项选择题）

A. ①②③④　　B. ④③②①　　C. ①③②④　　D. ①④②③

(答案: C)

445. 夏天游泳时，气温较高，下水前不需要做准备活动。（　）（判断题）

(答案: ×)

446. 下水前，要认真做准备活动，以免下水后发生肌肉痉挛。（　）（判断题）

(答案: √)

447. 对溺水者，正确的急救方法是（　）。（多项选择题）

A. 立即清除口腔、鼻腔内污物，保持呼吸道通畅

B. 拨打电话号码 122

C. 人工呼吸并胸外心脏按压

D. 立即用清水冲洗身上的污物

(答案: AC)

448. 以下属于室内甲醛污染主要来源的是。（　）（单项选择题）

A. 瓷砖　　B. 实木地板　　C. 密度板　　D. 壁纸

(答案: C)

449. 关于装修污染，以下哪项说法是正确的。（　）（单项选择题）

A. 只要闻不到气味，室内环境就没有污染

B. 只要装修材料达标，室内环境就没有污染

C. 只要室内保持通风，室内空气就能确保清洁

D. 以上说法都存在误区

(答案：D)

450. 室内空气污染的来源包括（　　）。（多项选择题）

A. 建筑物　　　B. 装修材料　　　C. 家具　　　D. 家用电器

(答案：ABCD)

451. 发生刺激性气体中毒时应迅速将中毒人员移离现场，脱去污染衣服。（　　）（判断题）

(答案：√)

452. 皮肤污染、化学灼伤等应在送往医院后再进行彻底冲洗。（　　）（判断题）

(答案：×)

453. 刺激性气体眼污染者应立即（　　）。（单项选择题）

A. 紧闭双眼

B. 用干净的棉布擦拭

C. 用大量流动清水或生理盐水彻底冲洗

D. 送往医院

(答案：C)

454. 一旦被狗咬伤后，应立即针刺伤口周围皮肤，用 3% 过氧化氢或 20% 肥皂水（也可用凉开水、高浓度烧酒、75% 酒精代替）彻底（　　），尽量把沾污在伤口上的（　　）和（　　）冲洗干净。（多项选择题）

A. 冲洗伤口　　　B. 擦拭伤口　　　C. 唾液　　　D. 血液

(答案：ACD)

455. 狂犬疫苗只打一针是没用的，必须要多次注射，以刺激肌

体产生抗体。现在一般都是（　　）。（单项选择题）

A. 二针法　　B. 三针法　　C. 四针法　　D. 五针法

（答案：D）

456. 一旦被蛇咬伤后，应该采取以下措施（　　）。（多项选择题）

A. 确认被毒蛇咬伤后不要惊慌、奔跑或喝酒

B. 放低伤肢，用布带在咬伤处近心端 5 厘米处扎紧，并每隔 10—20 分钟放松 1—2 分钟

C. 用清水反复冲洗伤口

D. 拨打急救电话，迅速送医院

（答案：ABCD）

457. 中国大陆哪个区域地震发生最频繁（　　）。（单项选择题）

A. 东部地区　　　　B. 西部地区

C. 华北地区　　　　D. 东北地区

（答案：B）

458. 构造地震的原因是（　　）。（多项选择题）

A. 地球的构造运动

B. 地质断层的破裂或突然错动

C. 废弃矿井的坍塌

D. 地下的气体爆炸

（答案：AB）

459. 崩塌、滑坡、泥石流最容易发生的地区是（　　）。（单项选择题）

A. 山区　　B. 平原地区　C. 高原地区　D. 草原地区

（答案：A）

460. 影响或登陆我国的台风主要发生在夏季和秋季。（　　）（判断题）

（答案：√）

461. 地震时，住楼房的人在紧急情况下可以跳窗逃命。（ ）（判断题）

（答案：×）

462. 如果在沟谷中遇到泥石流发生，要立刻向沟谷两侧的山坡上跑，离开低洼沟谷地带。（ ）（判断题）

（答案：√）

463. 闪电现象主要发生在（ ）。（单项选择题）
A. 边界层 B. 对流层 C. 平流层 D. 热层

（答案：B）

464. 室内避震不安全的位置是（ ）。（单项选择题）
A. 坚固的桌下或床下
B. 低矮、坚固的家具边
C. 开间小、有支撑物的房间，如卫生间
D. 阳台上

（答案：D）

465. 在上空发生强雷暴天气的旷野，躲避在金属材质封闭结构的汽车体内是安全的。（ ）（判断题）

（答案：√）

466. 在野外，如遇到地震应尽快躲开（ ）。（多项选择题）
A. 陡峭的山崖边   B. 江河湖海等水边沿岸
C. 山谷陡坡处   D. 开阔的平地

（答案：ABC）

467. 当在海滩时，遇到下述哪些情况时应尽可能地转移到远离海岸的高处。（ ）（多项选择题）
A. 听到海啸警报
B. 感觉到地震

C. 海水不符合正常潮汐规律的涨潮或退潮

D. 海面上突然起风

(答案：ABC)

468. 滑坡、崩塌、泥石流发生时，撤离路线应尽量选择以下哪一种 （ ）。（单项选择题）

A. 沿山谷　　B. 沿山脊　　C. 沿道路　　D. 沿河流

(答案：B)

469. 当处于泥石流区，发生泥石流的避让措施，应迅速向泥石流沟（ ）躲避。（单项选择题）

A. 两侧　　B. 顺沟向上　　C. 顺沟向下　　D. 原地等待

(答案：A)

470. 海洋受到污染后，可以通过海洋的自净功能很快恢复。（ ）（判断题）

(答案：×)

471. 关于大气污染，以下说法正确的是（ ）。（单项选择题）

A. 为防治大气污染，应该停关所有污染大气的企业和设施

B. 大气有一定的自净能力，少量污染物进入大气后，通过物质转化和循环可以使污染物浓度降低

C. 在刮大风的时候集中排放污染物

D. 以上都不正确

(答案：B)

472. 关于海洋污染，以下说法正确的是（ ）。（单项选择题）

A. 海洋面积巨大，自净能力很强，可以把陆地污染物集中排放到海洋里

B. 发生赤潮后，可以通过海洋的自净能力恢复

C. 海洋养殖要控制养殖密度和面积

D. 以上都不正确

（答案：C）

473. 大气污染物排放到大气中就会污染大气，因此要严格禁止任何大气污染物排放。（　）（判断题）

（答案：×）

474. 海洋的自净能力有限，排放的污染物速度超过海洋的自净速率，就会发生海洋污染。（　）（判断题）

（答案：√）

475. 大气污染的类型有哪些（　）。（单项选择题）

A. 局部性污染　　　B. 地区性污染

C. 广域性污染　　　D. 以上都是

（答案：D）

476. 以下哪个不是大气污染物（　）。（单项选择题）

A. 二氧化硫　B. 烟尘　C. 二氧化碳　D. 硫化氢

（答案：C）

477. 以下哪个是大气污染源（　）。（单项选择题）

A. 火电厂烟囱　　　B. 家庭炉灶

C. 飞机　　　　　　D. 以上都是

（答案：D）

478. 我国目前采用空气质量指数表示空气质量的好坏，下列空气质量指数处于哪个值时说明空气质量良好（　）。（单项选择题）

A.75；　　B. 120　　C. 305　　D. 410

（答案：A）

479. 清洁生产要求生产过程中不能排放任何污染物。（　）（判断题）

（答案：×）

480. 以下哪个标志代表绿色产品（　　）。（单项选择题）

A.

B.

C.

D. 以上都不是

（答案：A）

481. 你家住在饮用水源地附近，以下行为正确的是（　　）。（单项选择题）

A. 在水库边开办一家大型养猪场

B. 在有饮用水源地一级保护区标识的水库里游泳

C. 在水库边开一家农家乐，提供免费水库划船服务

D. 以上都不正确

（答案：D）

482. 工业废水含有有毒污染物必须经过处理才能排到江河湖泊里，但生活污水不含有毒污染物，可以直接排放。（　　）（判断题）

（答案：×）

483. 旅游外出坐船时，吃剩下的水果皮可以直接丢到水里。（　　）（判断题）

（答案：×）

484. 以下哪种情况出现时，说明湖泊已经受到污染破坏（　　）。（单项选择题）

A. 水体富营养化　　　B. 湖泊面积萎缩

C. 湖泊水量锐减　　　D. 以上都是

（答案：D）

485. 生活污水经过处理达到相关标准后，以下用途不正确的是（　　）。（单项选择题）

A. 用于城市景观水体　　　B. 排入附近河流

C. 进入自来水厂　　　C. 以上都不正确

（答案：D）

486. 饮用水源地周围风景优美，可以建设度假村，大力发展旅游业。（　　）（判断题）

（答案：×）

487. 土壤一旦受到污染，可以通过土壤的自净功能很快恢复。（　　）（判断题）

（答案：×）

488. 以下哪些行为会造成土壤污染。（　　）（多项选择题）

A. 农药化肥过量施用　B. 污水灌溉　C. 随意倾倒垃圾

（答案：ABC）

489. 土壤污染会通过食物链影响人体健康。（　　）（判断题）

（答案：√）

490. 生活垃圾随意堆放，对环境有什么影响。（　　）（多项选择题）

A. 影响自然景观　B. 污染土壤　C. 影响地下水

（答案：ABC）

491. 退耕还林还草的目标是逐步将（　　）度以上陡坡地退出基本农田，纳入退耕还林还草补助范围。（单项选择题）

A.15 度以上　　　B.20 度以上

C.25 度以上　　　　D.30 度以上

(答案: C)

492. 国家对草原实行（　）制度，防止超载过牧。（单项选择题）

A. 增加牲畜数量，扩大牧业规模

B. 以草定畜、草畜平衡

C. 逐步转型，发展种植业

(答案: B)

493. 中国耕地红线的一个基本内容是指全国耕地保有量不低于（　）。（单项选择题）

A.18 亿亩　　B.20 亿亩　　C.15.6 亿亩　　D.16 亿亩

(答案: A)

494. 如果有需要，可以将农用地转为建设用地。（　）（判断题）

(答案: ×)

495. 开发、利用水资源，应当首先满足城乡居民生活用水，并兼顾农业、工业、生态环境用水以及航运等需要。（　）（判断题）

(答案: √)

496. 沿海城市如大量超采地下水，可能造成多方面影响，请指出以下哪一个影响不会发生（　）。（单项选择题）

A. 引起地面沉降，危及公共建筑安全

B. 当地地下水位下降

C. 导致当地降水量大幅减少

D. 导致海水入侵等从而污染地下水

(答案: C)

497. 能够合理利用雨水、中水（再生水）。（　）（判断题）

(答案：√)

498. 城市生活用水与老百姓密切相关，请指出以下哪一个
（　）不属于城市生活主要节水措施。（单项选择题）

A. 城市供水管网维护改造

B. 推广和应用生活节水型器具

C. 超定额累进加价制度

D. 城市污水管网建设

(答案：D)

499. 海洋那么大，所以资源是取之不尽用之不竭的。（　）（判断题）

(答案：×)

500. 以下哪些行为可以保护海洋生态（　）。（单项选择题）

A. 适度捕捞　　　　　　　　B. 不向海洋投弃垃圾

C. 不购买海洋生物标本　　　D. 以上都是

(答案：D)

2022 年科普讲解大赛随机命题

（参考答案）

1. 国家公园

1. 定义：保护国家代表性的大面积自然生态系统特定陆地或海洋区域

国家批准设立并主导管理，边界清晰，以保护具有国家代表性的大面积自然生态系统为主要目的，实现自然资源科学保护和合理利用的特定陆地或海洋区域。

2. 起源：美国黄石 150 年前

保护区的一种类型，最早起源于美国，1872 年设立了世界上第一个国家公园 —— 黄石公园。后为其他国家、地区采用。

3. 特征：天然原始、珍惜独特、不可替代

一是天然性和原始性，二是珍稀性和独特性，不可替代的重要影响。

4. 数量（5 个）：三大东海武

中国政府 2021 年 10 月，正式设立三江源、大熊猫、东北虎豹、海南热带雨林、武夷山首批 5 个国家公园，保护面积 23 万平方公里，涵盖近 30% 的陆域国家重点保护野生动植物种类。

5. 意义或价值（3 个）：重要生态、珍稀野生动植物、珍贵自然遗产 对重要生态系统进行严格保护，对珍稀野生动植物进行长效保护，给子孙后代留下珍贵的自然遗产。我们每个人都应该关心和支持国家公园建设。

背诵版（举例）

1. 定义：（3 点）保护国家代表性、大面积自然生态系统、特定陆地或海洋区域

2. 起源：（150 年前）美国黄石公园，1872 年建立

3. 特征：天然原始、珍惜独特、不可替代（性）

4. 数量：（5 个、23 万平方公里、30% 陆域重点保护野生动植物种类 2021 年首批 5 个，三大东海武）

5. 意义：（3 个）重要生态、珍稀野生动植物、珍贵自然遗产

2. 碳中和

1. 国家（企业、产品、活动或个人）等在一定时间内（直接或间接）产生的二氧化碳（温室气体）排放总量，通过植树造林、节能减排等形式，以抵消自身产生的二氧化碳（温室气体）排放量，达到相对"零排放"。

2. "碳"是指二氧化碳，是石油、煤炭、木材等由碳元素构成的自然资源。在工农业生产、交通运输等活动中都会产生以二氧化碳为主的温室气体，这些温室气体的总量，就叫作碳排放量。

3. "中和"是指正负相抵。排出的二氧化碳（温室气体）被植树造林、节能减排等形式抵消，这就是所谓的"碳中和"。

碳达峰指的是碳排放进入平台期后，进入平稳下降阶段。碳达峰与碳中和一起，简称"双碳"。

4. 2020 年 9 月 22 日，中国政府在第 75 届联合国大会提出："中国二氧化碳排放力争 2030 年前达到峰值，努力争取 2060 年前实现碳中和。"

5. 人类活动使二氧化碳（温室气体）不断增加，全球气候变暖，造成冰川冻土消融、海平面上升等后果，危害自然生态系统的平衡，威胁着人类的生存。实现碳中和，可以有效控制温室气体总量，减缓全球变暖。

每个人都应身体力行，为实现碳中和做出贡献。

3. 生物多样性

1. 是生物及其环境形成的生态复合体以及与此相关的各种生态过程的综合，包括动物、植物、微生物和它们所拥有的基因以及它们与其生存环境形成的复杂的生态系统。包括遗传、物种、生态系统多样性三部分。

2. 遗传多样性是指地球上生物所携带的各种遗传信息的总和。一个物种所包含的基因越丰富，它对环境的适应能力越强。物种多样性是指地球上动物、植物、微生物等生物种类的丰富程度，是生物多样性的核心。包括区域物种、生态多样性。生态系统的多样性主要是指生态系统组成、功能、各种生态过程的多样性。

3. 20 世纪以来，人类社会面临人口、资源、环境、粮食、能源等 5 大危机。解决办法都与生态环境的保护以及自然资源的合理利用密切相关。

4. 1992 年 6 月，联合国环境与发展大会签署第一个《生物多样性公约》，1992 年 11 月，中国加入《生物多样性公约》。

5. 20 世纪 80 年代后，人们认识到自然界中各物种之间、生物与周围环境之间存在着密切联系，自然保护仅仅着眼于对物种本身进行保护是不够的。要拯救珍稀濒危物种，重点保护野生种群及栖息地，对物种所在的整个生态系统进行有效的保护，共建地球生命共同体。生物多样性的概念便应运而生。

我们每个人都应该做生态多样性的践行者，保护我们的家园。

4. 光合作用

1. 绿色植物利用太阳的光能，同化二氧化碳和水制造有机物质并释放氧气的过程，被称为光合作用。光合作用所产生的有机物主要是碳水化合物，并释放出能量。光合作用是最重要的化学反应，没有光合作用就没有人类的生存和发展

2. 包括光反应、暗反应两个阶段，涉及光吸收、电子传递、光合磷酸化、碳同化等重要反应步骤，对实现自然界的能量转换、维持大气的碳 - 氧平衡具有重要意义。

3. (1) 将太阳能变为化学能，储存在所形成的有机化合物中，是可供人类营养和活动的能量来源；(2) 把无机物变成有机物，人类所需的粮食、油料、木材、水果等；(3) 维持大气的碳 - 氧平衡。

4.17 世纪荷兰科学家范·赫尔蒙进行柳树盆栽试验。证明柳树生长所需的主要物质来自水，不是土壤。1771 年英国化学家普里斯特利进行密闭钟罩试验，有植物存在蜡烛不熄灭，老鼠不会窒息死亡。1771 年被称为光合作用发现年。

全世界有 10 多位科学家因研究光合作用而获得诺贝尔奖。

5. 光合作用是地球生态系统中能量产生的源头，有机物的初始，地球氧气的重要供应者，对地球生态有着不可替代的作用。

5. 滇金丝猴

1. 滇金丝猴的正式名称是"黑仰鼻猴"，灵长目、类人猿亚目、猴科，体长 51 ～ 83 厘米（尾长 52 ～ 75 厘米）；体重 9 ～ 17 千克；皮毛以灰黑、白色为主；是地球上唯一的红嘴唇动物，最大的猴类之一，是海拔分布最高的灵长类动物，25 种顶级濒危灵长类之一。

2. 我国一级重点保护野生动物、特有物种，保护级别仅次于大熊猫，生活在云南、西藏澜沧江与金沙江之间海拔 3000 米以上的高原森林里。

3. 滇金丝猴以松萝（一种树挂地衣）为主要食物。

4. 滇金丝猴是"一夫多妻"，1 只成年雄性和 1 ～ 6 只雌性组成繁殖家庭，群体数量为 50 ～ 500 只，4 岁后青年雌性进入可繁殖状态，大部分个体会迁出其出生的繁殖家庭，或与雄性新组建繁殖家庭。

5. 生存受到威胁。20 世纪 80 年代，中国政府高度重视，于 1983 年建立了第一个滇金丝猴保护区。滇金丝猴种群数量增至 3800 余只。滇金丝猴种群数量从 1996 年的 13 个种群 1000 ～ 1500 只增加到现在的 23 个种群 3000 多只。

我们每个人都应保护珍稀野生动物。

6. 孑遗（jié yí）植物

1. 孑遗植物也称活化石，指起源久远的植物，这些植物大多因地质、气候的变化而灭绝，即便存活下来的也保留了许多原始形状，演化缓慢，而且其近缘类群多已灭绝。

2. 孑遗植物起源于新生代第三纪或更早，由于中国地理位置优越，孑遗植物躲避了第四纪冰川的影响，主要种类有杉类植物、石松、木贼、银杏等。

3. 孑遗植物特殊的地位，决定了其具有不可替代的作用。中国通过建立国家级自然保护区等举措，在孑遗植物的保护方面取得了一定的成效。

4. 2011 年，经人工繁育培植，第三纪孑遗植物软枣猕猴桃、刺五加、穿山龙等 180 余种濒危植物在北京怀柔喇叭沟门自然保护区实现了数量增长。

7. 屠呦呦

1. 屠呦呦，女，1930 年出生于浙江宁波，国家最高科学技术奖、共和国勋章获得者，中国中医科学院首席科学家，因发现青蒿素可有效降低疟疾患者的死亡率，获 2015 年诺贝尔生理学或医学奖，是第一位获诺贝尔科学奖项的中国本土科学家。

2. 从事中药和西药结合研究，1972 年成功提取分子式为 $C_{15}H_{22}O_5$ 的无色结晶体，命名为青蒿素，一种用于治疗疟疾的药物，挽救了全球数百万人的生命。（疟疾是经蚊虫叮咬或输入带疟原虫者的血液而感染疟原虫所引起的虫媒传染病，可引起贫血和脾肿大、致死，迄今世界约 40% 的人口仍生活在疟疾流行区域。）

3. 1972 年屠呦呦课题组受东晋名医葛洪《肘后备急方》"青蒿一握，以水二升，渍绞取汁，尽服之"可治"久疟"的启发，利用低沸点乙醚提取青蒿中"抗疟"化学成分。

4. 中医药博大精深，折射出屠呦呦团队的专注、执着，体现了团结合作和创新精神。

8. 冰立方

1. 定义：冰立方指的是中国国家游泳中心，别名"水立方"，位于北京奥林匹克公园内，2008 年 1 月正式竣工，2020 年 11 月，国家游泳中心冬奥会冰壶场馆改造完工，"水立方"变身为"冰立方"。冰立方是 2008 年北京奥运会的场馆，2022 年北京冬奥会的经典改造场馆，是唯一一座由港澳台同胞、海外华侨华人捐资建设的奥运场馆。

2. 国家游泳中心总建筑面积 65000 ～ 80000 平方米，场馆外观如同一个冰晶状的立方体，造型简洁现代。冰立方的冰上运动中心位于国家游泳中心南广场地下空间，建筑面积约 8000 平方米，由一块 1830 平方米的标准冰场和由四条 45 米 ×5 米的标准冰壶场地等组成。

3. 具有国际先进水平，面向大众开放的平台，为 3 亿人参与冰雪运动提供助力。

4. 国际奥委会主席托马斯·巴赫称赞冰立方是奥运场馆可持续发展的典范。

9. 寒武纪

1. 寒武纪是显生宙的开始，距今约 5.42 亿年前—4.85 亿年。（前一个纪是新元古代埃迪卡拉纪，后一个纪是奥陶纪）。主要生物是无脊椎动物。

"寒武纪"一词是英国地质学家塞奇威克于 1835 年首次引进地质文献的。原指泥盆纪老红砂岩之下的所有地层。在罗马人统治的时代，北威尔士山曾被称为寒武山，赛德维克便将这个时期称为寒武纪。通过铀铅测年法测量其延续时间为 5370 万年。中文名称源自旧时日本人使用日语汉字音读的音译名"寒武纪"。

2. 特点：寒武纪是地球上现代生命开始出现、发展的时期，也称为"寒武纪生命大爆发"，即在很短时间内，生物种类突然丰富起来，呈爆炸式的增加，至今仍被国际学术界列为"十大科学难题"之一。

3. 划分：在寒武纪开始后的短短数百万年时间里，带壳、具骨骼的海洋无脊椎动物趋向繁荣，它们以微小的海藻和有机质颗粒为食物，其中，最繁盛的是节肢动物三叶虫，故寒武纪又被称为"三叶虫时代"，是划分寒武纪的重要依据。但在 4.88 亿年前，发生了生物集群灭绝事件，地球上约 49% 的属集中消失，预示着寒武纪的结束。

4. 1984 年，"澄（chéng）江生物群"在云南省澄江县首次被发现，再现了远古海洋生命的景观和现生动物的原始特征，被誉为"20 世纪最惊人的发现之一"，开启了探索"寒武纪生命大爆发"的科学之窗。

10. 藻井

1. 定义：天花是遮蔽建筑内顶部的构件，而建筑内呈穹隆状的天花则称作"藻井"，这种天花的每一方格为一井，又饰以花纹、雕刻、彩画，故名藻井。"藻井"一词最早见于汉赋。清代时的藻井较多以龙为顶心装饰，又称"龙井"。藻井是覆斗形的窟顶装饰，因和中国古代建筑的屋顶结构藻井相似而得其名。

2. 作用：藻井与普通天花都是室内装修的一种，但藻井只能用于最尊贵的建筑物，像神佛或帝王宝座顶上。唐代明确规定，非王公之居，不得施重拱藻井。藻井一般绘有彩画、刻有浮雕。

故宫太和殿等重要大殿内，皇帝宝座和供奉神佛的龛上部，天花中间即装饰藻井，藻井内做成雕龙浑金形式，但绝不雷同。

3. 类型：外形分为四方形、八卦形、圆形等，各层之间使用斗拱承托，具有很强的装饰性，如故宫养心殿龙衔轩辕镜藻井，天坛祈年殿的龙凤藻井。

4. 寓意：古人认为藻井的井，即二十八宿中的一宿，主水，在室内最高处作井，装饰以荷、菱、莲等藻类水生植物，寓意防火。在敦煌壁画中，藻井就是耀眼的饰件之一，显示建筑的等级及尊贵。藻井也暗含"天人合一"的思想，藻井基本是上圆下方的造型，寓意古人"天圆地方"的宇宙观。

5. 现代应用：如人民大会堂宴会厅顶部运用敦煌藻井元素，体现出中国传统建筑文化精髓和民族特征。

11. 结晶

1. 结晶是热的饱和溶液冷却后溶质因溶解度降低导致溶液过饱和，从而溶质以晶体的形式析出的过程。晶体，即原子、离子或分子按一定的空间次序排列而形成的固体。一般由纯物质生成，具有固定的熔点和旋光度。

2. 结晶的三种基本方法（冷却、蒸发、真空）：

（1）冷却结晶，根据物质在不同温度下溶解度不同而分离或提纯固体物质的一种方法，一般是高温下溶解度大，低温时溶解度小，将溶液冷却，使得溶液的溶解度降低，成为过饱和溶液，逐渐析出晶体，例如硝酸铵、芒硝等可用这种结晶方式提取。

（2）蒸发结晶，通过蒸发部分溶剂，使溶液过饱和，析出晶体。适用于温度变化对溶解度影响不大的物质，早在 5000 多年前，人们通过太阳能蒸浓海水制取食盐。

（3）真空结晶，将热溶液放入加热真空机器后，因溶液的沸点低，会迅速发生闪蒸效应，抽走大量的蒸汽，同时带走大量的热量开始降温，降低溶液的溶解度，析出晶体，工业上应用广泛，味精、白糖就是这种工艺提取的。

3. 根据溶液和溶质的不同特性，有其他巧妙的结晶方法，人们不断改进方法提高晶体的纯度，结晶法在染料、涂料、食品、医药用品等方面被大规模运用。

12. 宇宙黑洞

1. 黑洞是现代广义相对论中，存在于宇宙空间内的一种天体，是由质量大的恒星演变而来。"黑洞是时空曲率大到光都无法从其事件视界逃脱的天体。"

2. 恒星产生核聚变时存在向外的辐射压，与恒星的引力相互平衡，保持了恒星的稳定性。当核聚变结束时，辐射压降低，恒星内部物质在巨大引力的作用下开始遭到破坏和挤压收缩，称为"坍缩"。

3. 1916 年，德国物理学家史瓦西根据爱因斯坦广义相对论，精准测算出了黑洞的理论存在。

4. 1964 年，人类在距离我们 6040 光年的位置第一次发现了黑洞，并命名为天鹅座－X1 黑洞。2019 年 4 月 10 日 21 时，人类首张黑洞照片面世，该黑洞位于室女座一个巨椭圆星系 M87 的中心，距离地球 5500 万光年，质量约为太阳的 65 亿倍。

5. 科学家最新研究发现，黑洞死亡后可能会变成一个"白洞"，并喷射出之前捕获的所有物质。

13. 拟态

1. 拟态是指一种生物在形态、行为等特征上模拟另一种生物，从而使一方或双方受益的生态适应现象。是动物在自然界长期演化中形成的特殊行为。拟态包括三方：模仿者、被模仿者和受骗者。（受骗者可为捕食者或猎物，甚或同种中的异性。在宿主拟态现象中，受骗者和被模仿者为同一物。许多有毒、味道不佳或有刺的动物往往有警戒色，这点常为其他生物所模仿。）

2. 动物具有与其他动植物体或非生物体相似的颜色、形态或姿势称作拟态。按其相反效果有两种情况，一种是尺蠖蛾像小树枝似的不引人注目，因此称为隐蔽拟态。另一种是虻由于它具有像黄蜂一样显眼的色彩而欺骗了捕食者，诸如此类的拟态称为标志拟态。颜色、外形都与环境类似的归于拟态。

3. 拟态系统一般由三方共同构成，一是模型，是被模拟的动植物或其他生物或非生物；二是拟态生物；三是信号接受者或被欺骗者。

4. 拟态主要有两种方向，一是隐蔽拟态，例如尺蠖从颜色、形态等各方面模拟树枝从而尽量避免被发现，二是标志拟态，例如虻通过像黄蜂一样显眼的颜色从而欺骗捕食者。

5. 拟态在昆虫类和蜘蛛类中很普遍，在脊椎动物和植物中很常见，兰花螳螂。植物不会移动，在长期的进化中发展出比动物更高的拟态本领，如巨魔芋。

14. 达尔文

1. 查尔斯·罗伯特·达尔文（1809—1882），英国人，著名生物学家、演化论的奠基人。1831 年乘坐贝格尔号舰作了历时 5 年的环球航行，对动植物和地质结构等进行了大量观察和采集。1859 年，出版《物种起源》，提出了生物演化论学说，摧毁了神创论。他的理论对人类学、心理学、哲学的发展影响巨大。恩格斯将"演化论"列为 19 世纪自然科学的三大发现之一（另外两个是细胞学说和能量守恒转化定律)。

2. 认为生物存在缓慢变化的过程,物种不是被分别创造出来的,一个物种是由另一个物种传下来的。整个生物系统发展是一个从一到多、从简单到复杂、从低级到高级的演化过程,在演化中物种会发生变化。

3. 演化的机制是自然选择,生物界普遍存在着繁殖过剩的现象,必然导致生存斗争。哪个个体或个体的哪种特征适应了残酷的斗争环境,就会被保留下来,否则就会被淘汰,即适者生存。

4. 适者生存是选择的标准,也是选择的结果,这种选择还会将有利的特征通过遗传的方式保留、积累起来。天长日久的生存斗争和自然选择,会使偶然的变异称为必然的属性,导致生物产生变种。

15. 生物防治

1. 生物防治是指利用一种生物对付另外一种生物的方法。分为以虫治虫、以鸟治虫和以菌治虫三大类。它是降低杂草和害虫等有害生物种群密度的一种方法。它利用了生物物种间的相互关系,以一种或一类生物抑制另一种或另一类生物。最大优点是不污染环境,是农药等非生物防治病虫害方法所不能比的。

2. 在中国有悠久的历史，公元 304 年左右晋代嵇含著《南方草木状》和公元 877 年唐代刘恂著《岭表录异》都记载了利用一种蚁防治柑橘害虫的事例。19 世纪以来，生物防治在世界许多国家有了迅速发展。

3. 生物防治的方法有很多。

一是利用天敌防治应用最为普遍：①捕食性生物，例如瓢虫、蜘蛛、蛙及许多食虫益鸟等；②寄生性生物，包括寄生蜂、寄生蝇等；③病原微生物，包括白僵菌等。

二是抗性作物，即选育具有抗性的作物品种防治病虫害。

三是耕作防治，耕作防治就是改变农业环境，减少病虫害的发生。

4. 通过生物防治，可以提高生态中的天敌丰富度、多样性和控害能力，激活生态系统的自我调控机制，使生态系统逐步恢复生态平衡，达到"有虫不成灾"的控害效果，实现有害生物的可持续控制。

16. 水杉

1. 水杉是裸子植物杉科水杉属唯一的一种落叶乔木，高达 35 米，胸径达 2.5 米；树干基部常膨大；树皮灰色，是世界上珍稀的孑遗植物，有"活化石"之称，是国家一级重点保护植物。

2. 水杉是中国特有树种，于 1941 年被发现。喜气候温暖湿润，夏季凉爽，冬季有雪而不严寒。

3. 水杉的发现被称为 20 世纪植物学研究上的重大贡献之一。

4. 早在一亿多年前的中生代白垩纪及新生代，水杉的祖先就诞生了。当时地球气候温暖湿润，从发现的化石看，水杉属约有 10 种，几乎遍布北半球。在新生代第四纪冰期之后，水杉几乎全部绝灭，目前水杉野生植株仅存 5000 余株，分布在湖北、重庆、湖南三地交界处。

5. 1984 年水杉被列为国家首批重点保护的珍稀濒危植物之一，1999 年被列入《中国国家重点保护野生植物》，2013 年被列入世界自然保护联盟濒危物种红色名录（极危）。目前，国家已设立自然保护区予以重点保护。

17. 玉兔号

1. 玉兔号是中国首辆月球车，和着陆器共同组成嫦娥三号探测器。设计质量 140 千克，能源为太阳能，能够耐受月球表面真空、强辐射、零下 180 摄氏度到零上 150 摄氏度极限温度等极端环境。月球车具备 20 度爬坡、

20厘米越障能力，并配备有全景相机、红外成像光谱仪、测月雷达、粒子激发X射线谱仪等科学探测仪器。

2. 由2013年12月发射的嫦娥三号所携带，于12月15日正式与着陆器分离顺利驶抵月球表面。实现了中国航天器首次月面软着陆、里程碑意义。

3. 2016年7月，玉兔号月球车超额完成任务，停止工作。玉兔号预期服役3个月，工作了972天，超长服役，是中国在月球上留下的第一个足迹。

4. 由玉兔车携带的测月雷达探测到的数据显示，嫦娥三号着陆区表面下至少分为9层结构。

5. 2019年1月3日22时22分，嫦娥四号任务月球车玉兔二号完成了与嫦娥四号着陆器的分离，驶抵月球背面，首次实现月球背面着陆，是探月工程的又一座里程碑。

18. 雨燕

1. 雨燕在动物分类学上是鸟纲雨燕目中的一个科。鸟纲雨燕目雨燕科鸟类的统称，共有18属84种。雨燕飞行时速为110～200公里，是飞翔速度最快的鸟类。常在空中捕食昆虫，翼长而腿脚弱小。分布广泛，有些种类在高纬度地区繁殖而到热带地区越冬，是著名的候鸟，有些则是热带地区的留鸟。

2. 雨燕不仅在飞行速度上一骑绝尘，在飞行时长上也很少有鸟类可望其项背。可持续飞行 2 个月不着陆，有的雨燕甚至可以 10 个月持续飞行，着陆时间很少超过 2 小时。您可能很难想象，就连睡觉，雨燕也可以在空中进行。

3. 陆生哺乳动物和鸟类的深度睡眠有两种，分别是慢波睡眠和快速动眼睡眠。雨燕可以让一侧的大脑进入慢波睡眠，另一侧保持清醒，实现"一边飞一边睡"。有这些特殊技能，一只雨燕一生能够飞行几百万公里。

4. 朋友们，如果您也想亲眼看一看这些天空中不落的小精灵，欢迎您来天坛祈年殿，我们和北京雨燕与您不见不散。

19. 斗拱

1. 斗拱是中国建筑特有的一种结构。在立柱顶、额枋和檐檁间或构架间，从枋上加的一层层探出成弓形的承重结构叫拱，拱与拱之间垫的方形木块叫斗，合称斗拱。

2. 是中国建筑特有的一种结构。最早见于战国时期中山国出土的四龙四凤铜方案。中国古典建筑最富有装饰性的特征往往被皇帝攫为己有，斗拱在唐代发展成熟后便规定民间不得使用。

3. 按斗拱在建筑物中所处的位置分为外檐斗拱和内檐斗拱。

4. 斗拱在中国古建筑中起着十分重要的作用：

一是荷载作用，它位于柱与梁之间，起着承上启下，传递荷载的作用。

二是增大距离，斗拱可以向外出挑，把最外层的桁檩挑出一定距离，使建筑物出檐更加深远，造型更加优美、壮观。

三是装饰作用，是区别建筑等级的标志。越高贵的建筑斗拱越复杂、繁华。

四是抗震作用，榫卯结合是抗震的关键。斗拱可以消耗地震传来的能量，使整个房屋的地震荷载大为降低，起了抗震的作用。

5. 从艺术和技术的角度看，斗拱都象征和代表中华古典的建筑精神和气质。

20. 风洞

1. 风洞通常指风洞实验室，是依据运动的相对性原理，将飞行器的模型或实物固定在地面人工环境中，以人工的方式产生并且控制气流，用来模拟飞行器或实体周围气体的流动情况，并获取试验数据的一种管道状实验设备。

2. 风洞实验是飞行器研制工作中的一个不可缺少的组成部分。在航空和航天工程的研究和发展中起着重要作用，随着工业空气动力学的发展，在交通运输、房屋建筑、风能利用等领域更是不可或缺的。实验时，常将模型或实物固定在风洞中进行反复吹风，通过测控仪器和设备取得实验数据。

3. 世界上公认的第一个风洞是英国人韦纳姆于 1871 年建成的，它是一个长 3.05 米，两端开口的木箱，用于测量物体与空气相对运动时受到的阻力。美国的莱特兄弟在他们成功地进行世界上第一次动力飞行之前，于 1900 年建造了一个长 1.8 米的风洞。

4. 风洞的大量出现是在 20 世纪中叶。中国已经拥有低速、高速、超高速以及激波、电弧等风洞。

5. 全世界的风洞总数已达千余座，最大的低速风洞是美国国家航空航天局艾姆斯中心的国家全尺寸设备，实验段尺寸为 24.4 米 ×36.6 米，足以容纳一架完整的真飞机。

记得小时候，母亲常带我到外婆家去，外婆家就在北京自然博物馆北侧的一片两层楼的房子（现已拆除），出了家门南面 200 米就是北京自然博物馆，所以我常去博物馆里玩。除了精美、珍贵的展品，我最喜欢的就是听讲解员的讲解了。时光荏苒，物是人非，但是对讲解的喜爱依然，这就是不忘初心吧。

图书在版编目（CIP）数据

科普讲解 / 邱成利著. -- 重庆：重庆大学出版社，
2022.10（2023.9重印）
ISBN 978-7-5689-3470-1

Ⅰ.①科… Ⅱ.①邱… Ⅲ.①科学普及—解说词
Ⅳ.①N4

中国版本图书馆CIP数据核字(2022)第132194号

科普讲解
KEPU JIANGJIE

邱成利　著

责任编辑　王思楠
责任校对　刘志刚
责任印制　张　策
装帧设计　周安迪
内文制作　常　亭

重庆大学出版社出版发行
出版人　陈晓阳
社址　（401331）重庆市沙坪坝区大学城西路21号
网址　http://www.cqup.com.cn
印刷　重庆愚人科技有限公司

开本：787mm×1092mm　1/32　印张：10.625　字数：180千
2022年10月第1版　2023年9月第2次印刷
ISBN 978-7-5689-3470-1　定价：58.00元